新时代职教改革发展丛书

高职院校软件类专业"类上班制"人才培养模式研究

杨智勇　王海洋　著

中国水利水电出版社

www.waterpub.com.cn

·北京·

内 容 提 要

本书基于软件技术人才成长规律和软件技术人才岗位工作特点、要求，提出了"4S上班制"人才培养模式。全书共 10 章，阐述了"类上班制"创构背景、理论模型、"校企研"共同体构建、环境构建、资源构建、培养路径、考核评价、运行机制、案例及成效等内容，是高职院校软件类专业面向软件产业高端和高端软件产业培养"职业素养高、岗位技能精、创新意识强"的高水平技术技能人才的最新研究成果。

本书可作为高职院校软件类专业及理工科专业二级学院（系）院长（主任）、专业带头人、骨干教师开展高水平技术技能人才培养的参考书。

图书在版编目（ＣＩＰ）数据

高职院校软件类专业"类上班制"人才培养模式研究/杨智勇，王海洋著. -- 北京：中国水利水电出版社，2022.3
（新时代职教改革发展丛书）
ISBN 978-7-5226-0562-3

Ⅰ. ①高… Ⅱ. ①杨… ②王… Ⅲ. ①高等职业教育－软件－人才培养－培养模式－研究－中国 Ⅳ. ①TP31

中国版本图书馆CIP数据核字(2022)第045213号

策划编辑：石永峰　　　责任编辑：石永峰　　　封面设计：梁　燕

书　　名	新时代职教改革发展丛书 高职院校软件类专业"类上班制"人才培养模式研究 GAOZHI YUANXIAO RUANJIAN LEI ZHUANYE "LEI SHANGBAN ZHI" RENCAI PEIYANG MOSHI YANJIU
作　　者	杨智勇　王海洋　著
出版发行	中国水利水电出版社 （北京市海淀区玉渊潭南路 1 号 D 座　100038） 网址：www.waterpub.com.cn E-mail: mchannel@263.net（万水） 　　　　sales@waterpub.com.cn 电话：(010) 68367658（营销中心）、82562819（万水）
经　　售	全国各地新华书店和相关出版物销售网点
排　　版	北京万水电子信息有限公司
印　　刷	三河市华晨印务有限公司
规　　格	170mm×240mm　16 开本　13 印张　211 千字
版　　次	2022 年 3 月第 1 版　2022 年 3 月第 1 次印刷
定　　价	72.00 元

序

"核心技术靠化缘是要不来的"——十八大以来，习近平在多个场合都曾强调过科技创新的重要性，他还多次提到要掌握核心技术，并指出核心技术受制于人是最大的隐患，而核心技术靠化缘是要不来的，只有自力更生。尽管合作共赢是国际主旋律，全球化分工是主要发展模式，但是，在某些关键产业和领域过度依赖其他国家，失去的不仅是市场份额，更存在国家产业发展受制于人的风险。软件是信息技术之魂、网络安全之盾、经济转型之擎、数字社会之基、大国博弈之焦。如何确保软件，特别是关键领域软件自主可控，是保障国家安全的重大课题，是顺应新发展阶段形势变化、抢抓信息革命机遇、构筑国家竞争新优势、加快建成社会主义现代化强国的内在要求。

职业教育是国民教育体系和人力资源开发的重要组成部分，是和普通教育同等重要的教育类型，是广大青年打开通往成功成才大门的重要途径，肩负着培养多样化人才、传承技术技能、促进就业创业的重要职责。我国职业教育开设的软件及相关专业近 100 个，是软件人才培养的重要组成部分，随着信息技术迭代速度加快，以高等院校、科研院所为主的传统培养向软件企业、专业培训机构等多元平台积极参与拓展，职业教育势必发挥更加重要的作用，职业教育大有可为，也应当大有作为。

重庆工程职业技术学院是一所具有 70 年办学历史的国家优质高职、示范高职和"双高"建设项目单位，在推进校企合作、产教融合建设中，勇于开辟新领域，善于开辟新路径，致力于打造全国职业教育产教融合标杆学校。近年来，学校充分汇聚职教集团办学资源，形成连接紧密的职教共同体，与中兴、新大陆、华为等企业共建中兴通讯学院、新大陆物联网产业学院、华为人工智能产业学院等 3 个混合所有制二级学院；建成华为、南方测绘、阿里创新等订单班，探索出校企之间专业标准制定，教师团队建设，技术技能人才培养深度融合，特色明显的混合所有制多元办学机制。软件类专业在校企研深度融合的基础上构建了"学习环境与企业工作场景类似、学习资源与企业真实项目类似、培养路径与职业发展过程类似、项目考评与企业绩效考评类似"的"类上班制"人才培养模式。

建构"类上班制"人才培养模式过程中，编者开展了深入的政策研究、实践诉求分析和校本案例解析，对之前的软件类人才培养模式进行了比较研究，厘清了主要的优势和存在的问题，在此基础上，进行了范式的理论模型建构，创构了新的学习环境、教学资源、培养路径，以及考核评价机制。通过在软件技术、智能控制技术、物联网应用技术、计算机应用技术、云计算技术应用等多个软件类专业实施，人才培养质量得到了实践检验，为中国科学院重庆绿色智能技术研究院、重庆南华中天信息技术有限公司、亚德集团等科研机构和知名 IT 企业的重大信息工程提供了交付、运维等技术服务，为区域软件产业发展提供了人才保障。

　　"类上班制"模式走的是校企结合、产教融合、突出实战和应用的办学路子，依托企业、贴近需求。我们深信，在"后疫情时代"全球产业链、供应链深刻变化，全球治理体系深刻变革，以数字化生产力为主要标志的发展新阶段，"类上班制"一定能够发挥更加突出的作用，成为我国建设中国特色职业教育体系的典型案例。重庆工程职业技术学院也将站在新的起点，开启新的征程，取得新的成就，作出新的贡献。

　　让全社会更加认同职业教育，努力让每个人都有人生出彩的机会，让高职院校软件类专业培养的学生能在软件行业行稳致远，为实现"两个一百年"奋斗目标和中华民族伟大复兴的中国梦提供坚实人才保障。这是出版此书的动因，也是做好高职人才培养的使命。

　　是以为序。

杨智勇

2022 年 1 月

前　　言

人类社会正在进入以数字化生产力为主要标志的发展新阶段，软件产业已成为推动经济转型、重塑经济新格局的核心基础，是制造强国和网络强国建设的关键支撑。党中央、国务院高度重视软件和信息技术服务业发展，持续加强顶层设计，建立健全政策体系。我国软件产业规模效益快速增长，综合竞争力实现跃升。但是，我国软件产业与发达国家相比依然存在"大而不强"的问题，人才培养与产业需求不相适应就是造成这一问题的主要原因之一。

2013 年，国家教育体制改革领导小组审议并原则通过《国务院关于加快发展现代职业教育的决定》和《现代职业教育体系建设规划》，提出了发展中国现代职业教育的总目标，即"到 2020 年，形成适应发展需求、产教深度融合、中职高职衔接、职普相互沟通，体现终身教育理念，具有中国特色、世界水平的现代职业教育体系"。人才是驱动软件技术创新和产业发展的核心资源，培养软件类专业高素质技术技能人才是职业院校的重要使命。

重庆工程职业技术学院积极探索校企合作的有效路径，自 2013 年起，在软件相关专业领域先后承担了《软件类专业"类上班制"培养方案》《软件技术专业创新型项目化人才培养教学改革研究》《高职院校软件类专业多元协同育人机制创新与实践》等 6 项省部级教改课题，研究拟定了高职校企合作"类上班制"人才培养模式建构实践方案，并于 2014 年 9 月开始实施。多年的实践证明该方案切实可行，产生了突出的育人成效、显著的服务效应以及广泛的社会影响。

为进一步推进校企合作、产教融合，推动软件类专业创新发展，我们编写了本书，共分 10 章，包括创构背景、理论模型、"校企研"共同体构建、高职软件类专业学习环境构建、高职软件类专业教学资源构建、高职软件类专业培养路径构建、高职软件类专业考核评价构建、"类上班制"运行机制、"类上班制"实践效果以及总结展望，系统地阐述了高职院校软件类专业"类上班制"人才培养新范式。

本书由杨智勇、王海洋主笔，参与编写的有刘宇、蔡庆、舒劲秋、欧明辉、廖清科。在编写过程中，还得到了重庆工程职业技术学院及兄弟院校老师们的帮助，在此表示衷心的感谢。

希望本书能够为高职院校软件类专业培养"职业素养高、岗位技能精、创新能力强"的高水平技术技能人才提供理论逻辑与实践路径。受研究条件、自身水平与时间所限，疏漏和不妥之处在所难免，恳请广大读者不吝赐教。

编 者

2022 年 2 月

目　　　录

第 1 章　创构背景

1.1　政策背景

软件是新一代信息技术的灵魂，是数字经济发展的基础，是制造强国、网络强国、数字中国建设的关键支撑。我国软件产业收入规模从 2000 年的 593 亿元[①]扩展到 2010 年的 1.36 万亿元[②]，再到 2021 年全国软件和信息技术服务业规模以上企业超 4 万家，累计完成软件业务收入 94994 亿元[③]，复合年增长率高达 27%。取得这样的业绩与国家多年来相继出台一系列鼓励、支持软件产业发展的政策法规分不开的。我们共同回顾中国软件产业发展历史的长卷，不能忘记那段艰苦而荣耀的历程。

1.1.1　2000 年以前

我国软件的研究与开发早在 20 世纪 50 年代后期就已经开始，但是仅限于科研和军工的小范围探索和使用。1978 年，十一届三中全会召开，改革的春风温暖了神州大地。随着全国科学大会的召开，我国科技事业出现了前所未有的欣欣向荣的大好局面。在党和国家领导人对软件产业的殷切关怀下，一批国家机构和社会组织相继成立，一系列重大项目和重大活动陆续发布，对我国软件产业的初始发展产生了决定性的影响[④]。

---

① 2010 年我国软件产业销售收入同比增长逾 30%[EB/OL].
http://www.gov.cn/jrzg/2011-01/14/content_1784971.htm，2011-01-14.
② 中华人民共和国工业和信息化部. 软件和信息技术服务业"十二五"发展规划[EB/OL].
http://www.gov.cn/gzdt/2012-04/06/content_2107799.htm，2012-04-06.
③ 中华人民共和国工业和信息化部. 2021 年软件和信息技术服务业统计公报[EB/OL].
http://www.gov.cn/xinwen/2022-01/28/content_5670905.htm，2022-01-28
④ 中国电子信息行业联合会. 中国软件产业发展之路——改革开放 40 年中国软件与信息技术服务业发展蓝皮书[M]. 电子工业出版社，2018.

1980 年，原计算机总局颁布试行《软件产品计价收费办法》，标志着软件成为中国一个独立的产品门类，成为国家经济建设的生力军，中国软件产业正式迈出第一步。此后，我国政府对软件产业的规划与指导日益明确，产业发展的框架也越来越清晰。1982—1984 年，先后成立了电子工业部计算机局软件登记中心、北京软件工程研究中心和中国软件行业协会，软件从硬件中分离出来，成为一个独立的产业。在制定国家科技和行业发展规划时，软件开始被单独作为一个学科和行业来进行。1986 年，电子工业部向国务院报送我国第一个关于软件产业发展规划的指导性文件《关于建立和发展我国软件产业的报告》，其后，随着 "863 计划" 的实施，软件项目在其中的比重日益增大。三年后进一步提出了创建和发展我国软件产业发展的 4 项措施：要有我们自己的产品、要有我们自己的企业、要有我们自己的产业基地、要有我们自己的发展环境！

进入 20 世纪 90 年代，国内软件产业开始高速发展，软件产品应用日益普及，软件在社会生活中占据了越来越重要的地位，关于软件产业的政策法规也日趋完善。随着 1990 年《中华人民共和国著作权法》、1991 年《计算机软件保护条例》以及 1992 年《计算机软件著作权登记办法》（经国务院的授权，原机械电子工业部发布）的相继颁布实施，软件企业有了正式的发展规范。1999 年发布《中共中央国务院关于加强技术创新、发展高科技、实现产业化的决定》，明确提出了一系列具有战略前瞻性的指导要求。尤为重要的是首次提出了实行财税扶持政策这一重大举措，给中国的高科技产业带来新的动力。

1.1.2　2000—2010 年

2000 年 6 月，国务院印发《国务院关于印发鼓励软件产业和集成电路产业发展若干政策的通知》（国发〔2000〕18 号，以下简称 "18 号文"），指出 "以信息技术为代表的高新技术突飞猛进，以信息产业发展水平为主要特征的综合国力竞争日趋激烈，信息技术和信息网络的结合与应用，孕育了大量的新兴产业，并为传统产业注入新的活力。软件产业和集成电路产业作为信息产业的核心和国民经济信息化的基础，越来越受到世界各国的高度重视。我国拥有发展软件产业和集成电路产业最重要的人力、智力资源，在面对加入世界贸易组织的形势下，通过制定鼓励政策，加快软件产业和集成电路产业发展，是一项紧迫而长期的任务，意义十分重大"。"18 号文"制定了投融资、税收、产业技术、出口、收入分配、人才吸引与培养、采购、软件企业认定、知识产权保护、行业组织和行业管理等一系列政策，为我国软件产业的发展带来了勃勃生机，促进了软件产业的迅猛发展，从此开始的 10 年被誉为中国软件产业的黄金十年。为深入贯彻落实"18 号文"，国家各相关部委根据软件产业的发展需求，陆续出台了《鼓励软件产业和集成电路产业发展有关税收政策问题的通知》等一系列相关政策。

2000 年 10 月，原信息产业部会同教育部、科学技术部和国家税务总局等有关部门制定出台《软件企业认定标准及管理办法（试行）》（信部联产〔2000〕968 号），建立了软件企业认定制度。原信息产业部颁布实施《软件产品管理办法》（信息产业部令第 5 号），明确了软件产品的登记、备案、生产、销售以及监督管理等细则，建立了软件产品的登记备案制度。

为鼓励并推动骨干软件企业及重点软件企业加快发展，2001 年发布了《关于印发国家规划布局内的重点软件企业认定管理办法（试行）的通知》《计算机软件保护条例》，2002 年发布了《计算机软件著作权登记办法》，扶持起一大批软件产业龙头企业，成为中国软件企业的第一梯队。

2002 年 7 月，国务院发布了《振兴软件产业行动纲要》，作为对"18 号文"的延续和细化，从八个方面提出了发展软件产业的办法和措施，这些政策对此后软件发展的方向给予了全方位的解答，国家对软件产业支持力度之大、覆盖面之广，前所未有。2008 年 3 月，国务院组建工业和信息化部，并设置软件服务业司，中国的软件企业有了自己的业务指导部门，并在后续的工作中为中国软件产业的可持续发展制定了一系列的扶持政策。

据不完全统计，这一时期发布的相关政策见表 1.1。

根据工业和信息化部发布的统计数据，2010 年，我国实现软件业务收入 13364 亿元，同比增长 31%，产业规模比 2001 年扩大了十几倍，年均增长 38%，占电子信息产业的比重由 2001 年的 6% 上升到 18%。在全球软件与信息服务业中，所占份额由不足 5% 上升到超过 15%。软件业增加值占 GDP 的比重由 2001 年的不足 0.3% 上升到超过 1%，软件业从业人数由不足 30 万人提高到超过 200 万人，对社会生活和生产各个领域的渗透和带动力不断增强。

表 1.1　中国软件行业 2000—2010 政策概况[①]

发布时间	政策法规事件概要
2000 年	6 月，发布《国务院关于印发鼓励软件产业和集成电路产业发展的若干政策的通知》（国发〔2000〕18 号），成为我国大力推动软件产业发展的重要标志。 10 月，信息产业部会同教育部、科学技术部和国家税务总局等有关部门制定出台《软件企业认定标准及管理办法（试行）》（信部联产〔2000〕968 号），建立了软件企业认定制度。 10 月，信息产业部颁布实施《软件产品管理办法》（信息产业部令第 5 号），明确了软件产品的登记、备案、生产、销售以及监督管理等细则，建立了软件产品的登记备案制度
2001 年	1 月，对外贸易经济合作部、信息产业部、国家税务总局、海关总署、国家外汇管理局和国家统计局联合出台《关于软件出口有关问题的通知》（外经贸技发〔2000〕680 号），对软件出口的认定、享受的优惠、统计工作的开展等有关政策作了明确规定。 7 月，国家计划委员会、信息产业部、对外经贸易合作部和国家税务总局联合发布《〈国家规划布局内的重点软件企业认定管理办法（试行）〉的通知》（计高技〔2001〕1351 号），对重点软件企业认定条件、认定机构及职责、认定流程及认定工作作出明确规定。 9 月，国务院出台《关于进一步完善软件产业和集成电路产业发展政策有关问题的复函》（国办函〔2001〕51 号），就风险投资基金、企业国际竞争力和国际合作、人才培养等作了进一步规定。 10 月，国务院出台《关于使用正版软件清理盗版软件的通知》（国办函〔2001〕57 号），进一步明确了政府部门带头保护知识产权，在计算机系统中坚持使用取得著作人授权的正版软件。 12 月，国务院发布第 339 号国务院令《计算机软件保护条例》，对国务院 1991 年 6 月发布的《计算机软件保护条例》中的软件著作权人的权利、保护期，软件登记制度，侵权行为的认定等方面进行了修订。 12 月，原信息产业部和原国家计划委员会联合发布《国家软件产业基地管理办法》（计高技〔2001〕2836 号），批准了北京、上海、大连等 11 个国家软件产业基地，并落实了支持和资助措施
2002 年	9 月，国务院办公厅印发《振兴软件产业行动纲要（2002 年至 2005 年）》（国办发 47 号）
2003 年	11 月，教育部印发《教育部关于批准有关高等学校试办示范性软件职业技术学院的通知》（教高〔2003〕7 号），在部分高校试办示范性软件职业技术学院，培养高素质软件职业技术人才

---

① 2000—2012 年中国软件产业主要政策[N]. 中国电子报，2012-8-24.

续表

发布时间	政策法规事件概要
2004 年	6 月，《软件产业统计管理办法（试行）》（国统字〔2004〕56 号）发布。 8 月，商务部会同国家发展和改革委员会、工业和信息化部（原信息产业部）共同认定北京、深圳、上海、天津、大连和西安 6 个城市为"国家软件出口基地"
2005 年	4 月，《中华人民共和国电子签名法》在全国正式实施，对我国软件产业的发展具有重大意义。 10 月，国家发展和改革委员会、工业和信息化部（原信息产业部）、商务部、国家税务总局对原办法进行了调整和完善，联合发布了《国家规划布局内重点软件企业认定管理办法》（发改高技〔2005〕2669 号）
2006 年	3 月，国务院发布《国家中长期科学和技术发展规划纲要（2006—2020 年）》，提出了我国科学技术发展的总体目标，并将现代服务业信息支撑技术及大型应用软件的发展列入优先发展主题。 5 月，中共中央办公厅、国务院办公厅印发《2006—2020 年国家信息化发展战略》（中办发〔2006〕11 号），指出我国信息化发展的战略目标。 12 月，认定广州、南京、杭州、成都、济南 5 个城市为"国家软件出口创新基地"
2007 年	确立软件统计分类体系，软件列入为国民经济中单独统计产业
2008 年	1 月，《软件产业"十一五"专项规划》发布。 6 月，国务院发布《国务院关于印发国家知识产权战略纲要的通知》（国发〔2008〕18 号），提出加强知识产权保护、加强知识产权创造和转化运用等方面的战略措施
2009 年	1 月，国务院办公厅下发《国务院办公厅关于促进服务外包产业发展问题的复函》（国办函〔2009〕9 号），批复了商务部会同有关部委共同制定的促进服务外包发展的政策措施。 4 月，《电子信息产业调整和振兴规划》发布。 10 月起，工业和信息化部相继与多个省市签署《部省市协同开展中国软件名城创建工作合作备忘录》，正式启动中国软件名城创建试点工作
2010 年	9 月，授予南京市"中国软件名城"称号，南京市成为首个中国软件名城。其后，济南、成都等城市相继获授"中国软件名城"称号。 10 月，《国务院关于加快培育和发展战略性新兴产业的决定》（国发〔2010〕32 号）发布，是抢占新一轮经济和科技发展制高点的重大战略

2010 年，国务院发布《国务院关于加快培育和发展战略性新兴产业的决定》，将节能环保产业、新一代信息技术产业、生物产业、高端装备制造产业、新能源

产业、新材料产业、新能源汽车产业等七大产业列为战略性新兴产业。其中，新一代信息技术产业的主要任务是："加快建设宽带、泛在、融合、安全的信息网络基础设施，推动新一代移动通信、下一代互联网核心设备和智能终端的研发及产业化，加快推进三网融合，促进物联网、云计算的研发和示范应用。着力发展集成电路、新型显示、高端软件、高端服务器等核心基础产业。提升软件服务、网络增值服务等信息服务能力，加快重要基础设施智能化改造。大力发展数字虚拟等技术，促进文化创意产业发展。"这一决定的发布，开启了软件产业高质量发展的新起点。

1.1.3　2011—2020 年

软件作为创造性强、技术更迭速度快的产业，国家政策的指导和扶持具有明显的促进和推动作用。2011 年，在"18 号文"执行到期后，为了持续推动软件产业和集成电路产业的健康发展，国务院下发了《国务院关于印发进一步鼓励软件产业和集成电路产业发展的若干政策》（国发〔2011〕4 号，以下简称"4 号文"）。继续在财税、投融资、研究开发、进出口、人才、知识产权以及市场方面对软件产业给予鼓励和支持。据不完全统计，这一时期发布的相关政策见表 1.2。

表 1.2　中国软件行业 2011—2020 政策概况

发布时间	政策法规事件概要
2011 年	1 月，《国务院关于印发进一步鼓励软件产业和集成电路产业发展若干政策的通知》（国发〔2011〕4 号）发布。
	4 月，国家质检总局公告发布国家统计局新修订的国家标准《国民经济行业分类》（GB/T 4754—2011），将信息技术服务划分为国民经济行业大类。
	6 月，国家发展和改革委员会、科学技术部、工业和信息化部、商务部、知识产权局联合发布《当前优先发展的高技术产业化重点领域指南（2011 年度）》，将信息系统集成服务、信息系统托管服务、数据挖掘与管理服务、云计算服务、面向应用的高性能计算软件研发和服务业务列入优先发展的高技术产业化重点领域
2012 年	4 月，《软件和信息技术服务业"十二五"发展规划》正式发布，指出发展和提升软件和信息技术服务业，对于推动信息化和工业化深度融合，培育和发展战略性新兴产业，建设创新型国家，加快经济发展方式转变和产业结构调整，提高国家信息安全保障能力和国际竞争力具有重要意义

续表

发布时间	政策法规事件概要
2013 年	1 月，《计算机软件保护条例》第 2 次修订，对鼓励我国计算机软件的开发与应用，促进软件产业和国民经济信息化的发展具有重要意义
2014 年	8 月，《国务院关于加快发展生产性服务业促进产业结构调整升级的指导意见》（国发〔2014〕26 号）发布，发展涉及网络新应用的信息技术服务，积极运用云计算、物联网等信息技术，推动制造业的智能化、柔性化和服务化，促进定制生产等模式创新发展
2015 年	3 月，《国务院关于取消和调整一批行政审批项目等事项的决定》（国发〔2015〕11 号），取消软件企业和集成电路设计企业认定及产品的登记备案。 5 月，国务院正式印发《中国制造 2025》，十大领域包括新一代信息技术产业，而其他领域也离不开对应的软件技术。 7 月，《国务院关于积极推进"互联网+"行动的指导意见》（国发〔2015〕40 号）发布，提出要坚持开放共享、融合创新、变革转型、引领跨越、安全有序的基本原则，充分发挥我国互联网的规模优势和应用优势，坚持改革创新和市场需求导向，大力拓展互联网与经济社会各领域融合的广度和深度
2016 年	3 月，《中华人民共和国国民经济和社会发展第十三个五年规划纲要》发布，提出要重点突破大数据和云计算关键技术、自主可控操作系统、高端工业和大型管理软件、新兴领域人工智能技术。 5 月，财政部、国家税务总局、国家发展和改革委员会、工业和信息化部联合发布《关于软件和集成电路产业企业所得税优惠政策有关问题的通知》（财税〔2016〕49 号） 7 月，中共中央办公厅、国务院办公厅印发《国家信息化发展战略纲要》，根据新形势对《2006—2020 年国家信息化发展战略》调整和发展，规范和指导未来 10 年国家信息化发展，要求将信息化贯穿我国现代化进程始终，加快释放信息化发展的巨大潜能，以信息化驱动现代化，加快建设网络强国。 12 月，《国务院关于印发"十三五"国家战略性新兴产业发展规划的通知》（国发〔2016〕67 号）发布，提出要把战略性新兴产业摆在经济社会发展更加突出的位置，大力发展基础软件和高端信息技术服务，面向重点行业需求建立安全可靠的基础软件产品体系，支持开源社区发展，加强云计算、物联网、工业互联网、智能硬件等领域操作系统研发和应用，加快发展面向大数据应用的数据库系统和面向行业应用需求的中间件，支持发展面向网络协同优化的办公软件等通用软件。 12 月，国务院印发《"十三五"国家信息化规划》，提出实施信息产业体系创新工程，增强底层芯片、核心器件与上层基础软件、应用软件的适配性

发布时间	政策法规事件概要
2017 年	1 月，工业和信息化部发布《软件和信息技术服务业发展规划（2016—2020年）》，将"十三五"期间软件和信息技术服务产业年均增速定为 13%以上，到 2020 年，产业业务收入突破 8 万亿元。 3 月，工业和信息化部发布《云计算发展三年行动计划（2017—2019 年）》，支持软件和信息技术服务企业基于开发测试平台发展产品、服务和解决方案，加速向云计算转型，丰富完善办公、生产管理、财务管理、营销管理、人力资源管理等企业级 SaaS 服务，发展面向个人信息存储、家居生活、学习娱乐的云服务，培育信息消费新热点
2018 年	7 月，工业和信息化部、国家发展和改革委员会印发《扩大和升级信息消费三年行动计划（2018—2020 年）》
2019 年	《关于集成电路设计和软件产业企业所得税政策的公告》发布，继续实施企业所得税两免三减半的优惠政策。
2020 年	7 月，国务院印发《国务院关于印发新时期促进集成电路产业和软件产业高质量发展若干政策的通知》（国发〔2020〕8 号），继续实施"18 号文""4 号文"明确的政策，并分 8 个方面制定了新的政策

1.1.4 2021 年

"十四五"时期是我国开启全面建设社会主义现代化国家新征程的第一个五年，全球新一轮科技革命和产业变革深入发展，软件和信息技术服务业迎来新的发展机遇。习近平总书记在中共中央政治局第三十四次集体学习时强调"要全面推进产业化、规模化应用，重点突破关键软件，推动软件产业做大做强，提升关键软件技术创新和供给能力"。

2021 年是"十四五"的开局之年，也是两个百年目标交汇与转换之年，11月 30 日，工信部密集发布《"十四五"软件和信息技术服务业发展规划》《"十四五"大数据产业发展规划》和《"十四五"信息化和工业化深度融合发展规划》三大政策文件。

1.《"十四五"软件和信息技术服务业发展规划》

总共包括 5 个部分，设置了"585"任务措施，即 5 个主要任务、8 个专项行动、5 个保障措施。其中，围绕软件产业链、产业基础、创新能力、需求牵引、产业生态部署 5 项主要任务：一是推动软件产业链升级。围绕软件产业链，加速"补短板、锻长板、优服务"，提升软件产业链现代化水平。二是提升产业基础保障水平。重点夯实共性技术、基础资源库、基础组件等产业发展基础，强化质量标准、价值评估、知识产权等基础保障能力，推进产业基础高级化。三是强化产业创新发展能力。重点加强政产学研用协同攻关，做强做大创新载体，充分释放"软件定义"创新活力，加速模式创新、机制创新，构建协同联动、自主可控的产业创新体系。四是激发数字化发展新需求。鼓励重点领域率先开展关键产品应用试点，推动软件与生产、分配、流通、消费等各环节深度融合，加快推进数字化发展，推动需求牵引供给、供给创造需求的更高水平发展。五是完善协同共享产业生态。重点培育壮大市场主体，加快繁荣开源生态，提高产业集聚水平，形成多元、开放、共赢、可持续的产业生态[①]。

2. 《"十四五"大数据产业发展规划》

在延续"十三五"规划关于大数据产业定义和内涵的基础上，进一步强调了数据要素价值。《"十四五"大数据产业发展规划》总体分为 5 章，具体内容可以概括为"3 个 6"，即 6 个重点任务、6 个专项行动、6 个保障措施。提出立足推动大数据产业从培育期进入高质量发展期，在"十三五"规划提出的产业规模 1 万亿元目标基础上，提出"到 2025 年年底，大数据产业测算规模突破 3 万亿元"的增长目标，以及数据要素价值体系、现代化大数据产业体系建设等方面的新目标。实施路径将"新基建"、技术创新和标准引领作为产业基础能力提升的着力点，将产品链、服务链、价值链作为产业链构建的主要构成，实现数字产业化和产业数字化的有机统一，并进一步明确和强化了数据安全保障[②]。

3. 《"十四五"信息化和工业化深度融合发展规划》

重点在工业企业的数字化，例如关键工序数控化率、经营管理数字化普及率和数字化研发设计工具普及率等。提出到 2025 年，信息化和工业化在更广范围、更深程度、更高水平上实现融合发展，新一代信息技术向制造业各领域加速渗透，

① 工业和信息化部网站.《"十四五"软件和信息技术服务业发展规划》解读[EB/OL].
http://www.gov.cn/zhengce/2021/12/01/content_5655200.htm，2021-12-01.
② 工业和信息化部网站.《"十四五"大数据产业发展规划》解读[EB/OL].
http://www.gov.cn/zhengce/2021/12/01/content_5655197.htm，2021-12-01.

制造业数字化转型步伐明显加快，全国两化融合发展指数提高至 105。在具体指标方面，企业经营管理数字化普及率达到 80%，数字化研发设计工具普及率达到 85%，关键工序数控化率达到 68%，工业互联网平台普及率达到 45%。在融合生态体系方面，提出制造业"双创"体系持续完善，产业链、供应链数字化水平持续提升，带动产业链、创新链、人才链、价值链加速融合，涌现出一批数字化水平较高的产业集群，融合发展生态快速形成[①]。

1.2　软件产业发展人才诉求

人才是驱动软件技术创新和产业发展的核心资源。习近平总书记在庆祝改革开放 40 周年大会上的讲话中指出："我们要坚持创新是第一动力、人才是第一资源的理念，实施创新驱动发展战略，完善国家创新体系，加快关键核心技术自主创新，为经济社会发展打造新引擎。"

1.2.1　软件产业发展回顾

1. 总体情况

软件是信息技术之魂、网络安全之盾、经济转型之擎、数字社会之基。根据《"十四五"软件和信息技术服务业发展规划》介绍，在"十三五"期间，党中央、国务院高度重视软件和信息技术服务业发展，持续加强顶层设计，建立健全政策体系。产业规模效益快速增长，综合竞争力实现新的跃升。

一是规模效益快速增长。业务收入从 2015 年的 4.28 万亿元增长至 2020 年的 8.16 万亿元，年均增长率达 13.8%，占信息产业比重从 2015 年的 28%增长到 2020 年的 40%。2021 年，全国软件和信息技术服务业规模以上企业超 4 万家，累计完成软件业务收入 94994 亿元，同比增长 17.7%，两年复合增长率为 15.5%。2013—2021 年软件业务收入增长情况如图 1.1 所示。

---

① 工业和信息化部网站.《"十四五"信息化和工业化深度融合发展规划》解读[EB/OL].
　　http://www.gov.cn/zhengce/2021-12/01/content_5655201.htm，2021-12-01.

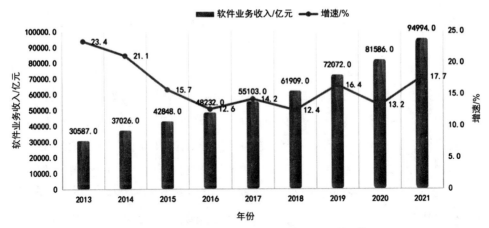

图 1.1　2013—2021 年软件业务收入增长情况[①]

二是创新体系更加完善。操作系统、数据库、办公软件等取得一系列标志性成果，部分新兴平台软件、应用软件达到国际领先水平。国内首家开源基金会成立，一批具有影响力的开源项目加速孵化。

三是骨干企业实力提升。百强企业收入占全行业比重超过 25%，收入超千亿元的企业达 10 家，2 家企业跻身全球企业市值前十强。

四是产业集聚效应凸显。全国 268 家软件园区贡献了 75%以上的软件业务收入，13 家中国软件名城收入占比达 77.5%。

五是融合应用日益深化。软件加快赋能制造业转型升级，软件信息服务消费在信息消费中占比超过 50%，在新冠肺炎疫情期间，软件创新应用有力支撑了疫情防控和复工复产。

2. 分领域情况

根据《2020 年软件和信息技术服务业统计公报》以及《2021 年软件和信息技术服务业统计公报》，从各个分领域的情况看：

（1）软件产品收入平稳较快增长。2021 年，软件产品收入 24433 亿元，同比增长 12.3%，增速较上年同期提高 2.2 个百分点，占全行业收入比重为 25.7%。其中，工业软件产品实现收入 2414 亿元，同比增长 24.8%，高出全行业水平 7.1

---

① 运行监测协调局. 2020 年软件和信息技术服务业统计公报[EB/OL].
https://www.miit.gov.cn/jgsj/yxj/xxfb/art/2021/art_02cc1543ddc6436e91ea3c05ec4aae32.html，
2021-01-26

个百分点。

（2）信息技术服务收入增速领先。2021 年，信息技术服务收入 60312 亿元，同比增长 20.0%，高出全行业水平 2.3 个百分点，占全行业收入比重为 63.5%。其中，云服务、大数据服务共实现收入 7768 亿元，同比增长 21.2%，占信息技术服务收入的 12.9%，占比较上年同期提高 4.6 个百分点；集成电路设计收入 2174 亿元，同比增长 21.3%；电子商务平台技术服务收入 10076 亿元，同比增长 33.0%。

（3）信息安全产品和服务收入增长加快。2020 年，信息安全产品和服务实现收入 1498 亿元，同比增长 10.0%，增速较上年回落 2.4 个百分点。2021 年，信息安全产品和服务收入 1825 亿元，同比增长 13.0%，增速较上年同期提高 3 个百分点。

（4）嵌入式系统软件收入涨幅扩大。嵌入式系统软件 2020 年实现收入 7492 亿元，同比增长 12.0%，增速较上年提高 4.2 个百分点，占全行业收入比重为 9.2%。2021 年收入 8425 亿元，同比增长 19.0%，增速较上年同期提高 7 个百分点。嵌入式系统软件已成为产品和装备数字化改造、各领域智能化增值的关键性带动技术。

各领域占比如图 1.2 所示，可以看出信息技术服务所占比例超过其他类型的总和。

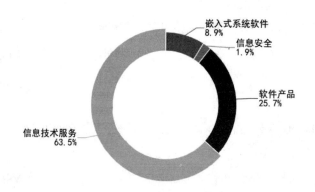

图 1.2　2021 年软件和信息技术服务业各领域收入占比[①]

① 运行监测协调局. 2021 年软件和信息技术服务业统计公报[EB/OL].
https://www.miit.gov.cn/gxsj/tjfx/rjy/art/2022/art_7953d1abafe14f00a1b24e693ef73baa.html，
2022-01-21.

3. 发展形势

人类社会正在进入以数字化生产力为主要标志的发展新阶段，2020 年新冠肺炎疫情的爆发加速了全球数字化转型的进程。软件在数字化进程中发挥着重要的基础支撑作用，加速向网络化、平台化、智能化方向发展，驱动云计算、大数据、人工智能、5G、区块链、工业互联网、量子计算等新一代信息技术迭代创新、群体突破，加快数字产业化步伐。软件作为信息技术关键载体和产业融合关键纽带，将成为我国"十四五"时期抢抓新技术革命机遇的战略支点，同时全球产业格局加速重构也为我国带来了新的市场空间[①]。

4. 存在的问题

《软件和信息技术服务业发展规划（2016—2020 年）》解读认为我国软件产业与发达国家相比依然"大而不强"，并列举了迫切需要解决 7 大问题：一是"少魂"和创新能力提升问题。基础领域创新能力和动力明显不足，原始创新和协同创新亟待加强，基础软件、核心工业软件对外依存度大，安全可靠产品和系统应用推广难。二是融合发展问题。与各行业领域融合应用的广度和深度不够，特别是行业业务知识和数据积累不足，与工业实际业务和特定应用结合不紧密，支撑国家战略实施的能力亟需提升。三是大企业培育和产业生态建设问题。资源整合、技术迭代和优化能力弱，缺乏创新引领能力强的大企业，生态构建能力亟待提升。四是信息安全保障能力提升问题。网络安全形势更加严峻，特别是工业信息系统安全保障需求扩大，要求愈来愈高，信息安全保障能力迫切需要进一步提升。五是国际化发展问题。产业国际影响力与整体规模不匹配，国际市场拓展能力弱，国际化发展步伐需要持续加快。六是行业管理问题。行业管理和服务亟待创新，软件市场定价与软件价值不匹配问题有待解决，知识产权保护需要进一步加强。七是人才培养问题。人才结构性矛盾突出，既懂技术又懂管理的领军型人才、既懂软件技术又熟悉各行业领域业务流程的复合型人才，以及具有持续专注力和熟练技能的高技能人才紧缺，人才培养和产业需求不相适应，亟需建立符合产业特点的人才培养体系[②]。

---

① 中华人民共和国工业和信息化部."十四五"软件和信息技术服务业发展规划[EB/OL].
http://www.gov.cn/zhengce/zhengceku/2021/12/01/content_5655205.htm，2021-11-15.
② 中华人民共和国工业和信息化部.《软件和信息技术服务业发展规划（2016—2020 年）》解读[EB/OL].
http://gxt.jl.gov.cn/xxgk/zcwj/zcfg_zcjd/201702/t20170207_2553905.html，2017-02-07.

在《"十四五"软件和信息技术服务业发展规划》中，也认为我国软件和信息技术服务业高质量发展仍面临诸多挑战：一是产业链供应链脆弱，产品处于价值链中低端，产业链供应链存在断裂风险。二是产业基础薄弱，关键核心技术存在短板，原始创新和协同创新能力亟需加强。三是软件与各领域融合应用的广度和深度需进一步深化，企业软件化能力较弱，制约数字化发展进程。四是产业生态国际竞争力亟待提升，企业小散弱，产业结构需进一步优化。五是发展环境仍需完善，"重硬轻软"现象依然严重，软件价值失衡尚未得到根本性扭转，软件人才供需矛盾突出，知识产权保护需要进一步加强。

1.2.2　软件产业人才需求

1. 人才政策

软件技术日益成为科技创新和产业变革的重要引擎和推进器，软件对经济社会的"赋能、赋值、赋智"作用不断凸显，而软件人才的数量和质量很大程度上能够决定软件产业的发展水平。对于以智力密集型生产为典型特征的软件企业而言，软件人才是软件技术研究、产品研发和服务创新的关键要素，软件人才是企业创造价值，持续成长的核心竞争力所在。在绝大多数政策文件中都指出了要做好软件人才的培养引进工作。

2000 年国务院关于印发《鼓励软件产业和集成电路产业发展的若干政策》，其中第七章为人才吸引与培养政策，其中第二十二条提出"国家教育部门要根据市场需求进一步扩大软件人才培养规模，并依托高等院校、科研院所建立一批软件人才培养基地"。在这个时候我国还很少有学校设置软件学院或开设软件专业，政策从高等院校、中等专科学校、成人教育和业余教育等各方面予以支持，并要求"尽快扩大硕士、博士、博士后等高级软件人才的培养规模，鼓励有条件的高等院校设立软件学院；理工科院校的非计算机专业应设置软件应用课程，培养复合型人才"，在这一政策出台后，教育部在 2001 年批准了北京大学等 35 所高等学校试办示范性软件学院。

2002 年 7 月发布的《振兴软件产业行动纲要（2002 年至 2005 年）》提出了"加快国家示范性软件学院和职业技术学院建设，扩大招生规模，改善办学条件，加强师资队伍、课程和教材建设。积极开展与国外教学机构、国际著名软件企业和国内软件企业的联合办学，多模式、多渠道培养软件人才。做好智力引进工作，重点引进软件高级管理人才、系统分析和设计人才。通过简化出入境审批手续，适当延长有效期等方式，方便企业高中级管理人员和高中级技术人员参与国际交往。大量吸引海外优秀留学人员回国。鼓励国外留学生和外籍人员在国内创办软件企业"，随后，教育部在 2003 年批准了北京信息职业技术学院等 35 所高等学校试办示范性软件职业技术学院。

2011 年，国务院关于印发《进一步鼓励软件产业和集成电路产业发展的若干政策》，提出"高校要进一步深化改革，加强软件工程和微电子专业建设，紧密结合产业发展需求及时调整课程设置、教学计划和教学方式，努力培养国际化、复合型、实用性人才。加强软件工程和微电子专业师资队伍、教学实验室和实习实训基地建设"，对如何培养人才和培养什么样的人才做了明确的要求，并要求教育部要会同有关部门加强督促和指导。

2020 年，国务院印发《新时期促进集成电路产业和软件产业高质量发展的若干政策》，再次强调了软件专业建设的重要性，要求"进一步加强高校集成电路和软件专业建设，加快推进集成电路一级学科设置工作，紧密结合产业发展需求及时调整课程设置、教学计划和教学方式，努力培养复合型、实用型的高水平人才。加强集成电路和软件专业师资队伍、教学实验室和实习实训基地建设。教育部会同相关部门加强督促和指导"。并且根据新时代特征，提出了"鼓励有条件的高校采取与集成电路企业合作的方式，加快推进示范性微电子学院建设。优先建设培育集成电路领域产教融合型企业。纳入产教融合型企业建设培育范围内的试点企业，兴办职业教育的投资符合规定的，可按投资额 30% 的比例，抵免该企业当年应缴纳的教育费附加和地方教育附加。鼓励社会相关产业投资基金加大投入，支持高校联合企业开展集成电路人才培养专项资源库建设。支持示范性微电子学院和特色化示范性软件学院与国际知名大学、跨国公司合作，引进国外师资和优质资源，联合培养集成电路和软件人才"。

2. 从业人员规模和收入

我国软件产业从业人数多年来一直稳步增加，工资总额在经历 2020 年初的短暂下跌后也逐步恢复上升。2013 年，全国软件业从业人数为 470 万人，而 2020 年年末，达到了 704.7 万人，比上年末增加 21 万人，同比增长 3.1%。2021 年，我国软件业从业人数为 809 万人，同比增长 7.4%。2013—2021 年软件业从业人员数变化情况如图 1.3 所示。

图 1.3 2013—2021 年软件业从业人数变化情况

2020 年，从业人员工资总额 9941 亿元，同比增长 6.7%，低于上年平均增速。可以看出虽然受到疫情影响，但是软件行业从业人员数量仍然逐年增加，并且工资总额增速高于从业人员数量增速。2021 年，从业人员工资总额同比增长 15.0%，两年复合增长率为 10.8%。2019—2021 年软件业从业人员工资总额增长情况如图1.4 所示。

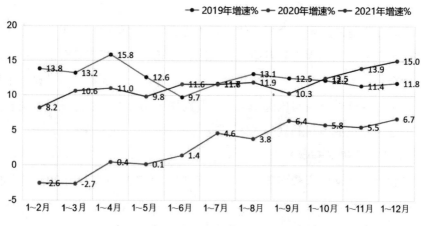

图 1.4 2019—2021 年软件业从业人员工资总额增长情况

3．人才分布

《关键软件领域人才白皮书（2020 年）》中引用的猎聘大数据研究院数据显示：从区域供给看，我国超八成的软件人才分布于华东、华北、华南三大区域。华东地区软件人才供给超 1/3，占比达到 37.2%，成为软件人才的重要集聚地；华北地区软件人才供给达 22.7%，华南地区软件人才供给为 19.6%。从城市供给看，软件人才高度集聚于软件产业发达城市。北京、上海、广州、深圳基于科技创新能力高度汇聚人才，杭州、南京依托互联网发展快速吸引人才，成都、西安凭借政策洼地和特色产业需求成为西部地区软件人才的主要聚集地。从学历分布上看，本科生为当前软件产业从业人员的主力军。我国软件从业人员中本科生占比高达 64.9%，硕士生和大专生占比分别为 18.5%、14.3%，人才学历结构呈现出明显的"D 字型"形态[①]。

4．人才培养体系

我国软件人才教育培养体系基本健全，专业设置相对丰富。目前高校为研究生开设的软件及相关专业，包括计算机科学与技术、信息与通信工程、计算机系统结构、计算机软件与理论、计算机应用技术等。为本科生开设的软件及相关专业近 40 个，包括电子信息科学与技术、软件工程、网络工程、信息安全、电气工程与智能控制、电子信息工程、电子科学与技术、信息工程、物联网工程等。为高职专科生开设的软件及相关专业近 100 个，包括软件技术、工业软件开发技术、通信软件技术、移动互联应用技术等。超半数软件专业相关毕业生选择直接就业，岗位相关度水平较高。以 22 所示范性软件学院所在高校为例，2019 年软件相关专业毕业生直接就业人数占比达 58%。软件相关专业毕业生所学专业与岗位的相关度普遍较高，且研究生的岗位相关度高于本科生，一定程度反映软件人才供给质量较高。本科毕业生求职的平均岗位相关度是 85%，研究生毕业生求职的平均岗位相关度是 90%。

---

① 中国电子信息产业发展研究院信息化与软件产业研究所．关键软件领域人才白皮书（2020年）[EB/OL]．https://www.ccidgroup.com/info/1096/32965.htm，2021-04-23．

1.3　高职院校软件人才培养困惑与探索

高等职业院校作为培养生产一线高素质技术技能人才的主力军，近年来从规模和质量等方面加大了计算机类人才的培养力度，尤其是软件技术专业规模发展迅速，在很多学校软件技术专业已成为该校计算机类专业中人数排名第一的专业。招生规模的扩大从一定程度上缓解了社会对软件技术人才的需求，但由于软件技术专业在计算机类专业中具有基础要求高、技术更新快、学习难度大等特殊性，以及师资不足和办学条件限制等原因，致使学生培养的学生和企业的需求存在较大差距，出现毕业生找不到对口工作和企业招不到需要的软件人才的尴尬局面。因此，充分整合社会资源，推动高等职业院校软件技术人才培养改革，提高软件技术人才培养质量，对加快我国建设成为制造强国和网络强国具有重要意义。

1.3.1　高职院校软件人才培养探索

近年来，在"产教融合、校企合作"等先进教育理念的指导下，通过国家双高、国家示范、国家骨干、省级双高、省级示范、省级骨干等专项建设，我国高等职业教育的质量得到了快速发展。但软件技术作为新一代信息技术产业的灵魂，软件技术专业具有实践性强、技术更新快、创新意识强的特点，相对其他产业具有一定的特殊性。高职院校如何培养软件人才，特别是培养符合社会需求的高素质软件人才一直以来没有得到很好的解决，各个学校都在不断地摸索和实践，取得了不少成就，给后来者提供了先行榜样。

1. 项目主导、多元协同、资源开放

常州信息职业技术学院在 2002 年就创立了软件技术专业，并针对软件技术专业特点，搭建"政、校、行、企、外"多元合作平台，探索并实践"项目主导、多元协同、资源开放"的专业人才培养体系。

常州信息职业技术学院眭碧霞等认为随着软件产业人才需求量急剧上升，软件产业细分后对岗位能力的需求造成了很大的影响，因此需要针对软件产业发展、技术应用和人才需求的变化，不断调整专业目标和人才培养定位。具体做法是用项目实践贯穿人才培养始终，围绕项目多元协同，校企共同设计教学项目、共同开发项目资源、共同实施项目教学、共同开展项目评价。由此解决"课堂教学与实际应用脱节、学生技术技能难以满足职业岗位需求""多元协同缺乏长效机制、专业人才培养难以形成合力""专业教学资源缺乏顶层设计、难以有效应用"等问题[①]。

2. "七维度"产教深度融合

石家庄职业技术学院 2004 年与河北新龙科技集团股份有限公司展开校企合作，共建具有混合所有制特征的软件学院，开始产教融合软件人才培养，至今历时 17 年。

石家庄职业技术学院田晓玲等认为软件人才培养存在产教融合不深、校企合作不实的问题，构建学校、企业、行业合作办学新模式是适应市场对软件人才的需求的重要途径，因此探索构建了纵向贯穿和横向链接的"七维度"产教深度融合的软件人才培养体系，包括：①"开放合作、共融发展"理念；②具有混合所有制特征的运行机制；③融合产业技术的人才培养模式；④产学互动的师资队伍；⑤"标准嵌入+企业项目"课程体系；⑥"工学融合"协同育人的组织实施；⑦"技术创新+人文精神"的产教互融文化。构建了"校中厂→厂中校"的校企合作模式，实现了"学校与企业合作→学校与行业、企业合作"，连续多年保持99%以上的就业率和90%以上的专业对口就业率[②]。

3. "双主体－准员工"校企联合办学

安徽电子信息职业技术学院 2011 年与安徽科大讯飞信息股份有限公司进行校企联合办学，"双主体－准员工"人才培养模式改革取得显著成效，人才培养质量有了质的突破。

安徽电子信息职业技术学院苏传芳等认为学校没有软件生产企业实体作支撑，教学资源无源头，心有余而力不足，只有和软件生产企业紧密合作，才能解决学生"零距离"就业问题，才能培养出企业需要的软件技术人才。"双主体－准员工"（学校、企业）培养模式是在资源共享、优势互补、风险共担、利益共赢的

---

① 眭碧霞，王小刚，余永佳，等. 项目主导 多元协同 资源开放——软件技术专业人才培养体系的创新实践[J]. 江苏教育，2019（52）：60-64.

② 田晓玲. 混合所有制二级学院建设实践探索——以石家庄职业技术学院软件学院为例[J]. 石家庄职业技术学院学报，2018，30（1）：4-11.

原则下，以专业为基础合作企业，以企业需求为目标建设专业，实现学生、学校、企业的"三赢"。学生前 1.5 年在学校进行专业基础课程学习，夯实基础知识并使其具有一定的专业和实践技能；后 1.5 年在企业进行专业课程及实训课程学习，采用全实训方式、实际项目进行教学，并引入企业管理模式进行教学及日常管理，在企业文化与真实工作环境中培养学生的职业能力与素养。经过实践，人才培养质量得到显著提升，毕业生就业质量和社会认可度均大幅度提高，学生在各类技能大赛中屡获佳绩[①]。

4. 多方协同个性化精细培养

深圳信息职业技术学院对软件专业校内实训基地建设进行了系统化探索，在实践教学体系、校内工作室、项目库平台与教学团队等方面进行了创新性建设，有效提升了高素质技能型软件人才培养质量。

深圳信息职业技术学院许志良等认为高职软件专业人才培养中存在学生批量下企业顶岗实习难、学生项目实践时空受限、教师下企业实践难、聘请优秀兼职教师难等瓶颈问题，因此在多年的办学实践中构建了"项目贯穿、分段递进"的实践教学体系。通过创新校企合作运行机制，共建校内企业工作室的方式把重点合作企业引入校园，企业项目组与骨干教师进驻工作室共同开展项目研发，通过"常岗优酬"和"一师双岗"等机制共同组建教学团队，学生进驻工作室在教学团队的指导下进行项目实践，有效解决了批量学生顶岗实习难、聘请优秀企业兼职教师难与教师下企业实践难的难题。依托校内工作室，校企共同研发了融项目实践与教学管理为一体的软件项目库平台，有效解决了学生项目实践受课堂时间与空间限制的问题[②]。

5. 学习价值增值导向

重庆航天职业技术学院提出"一二三四"人才培养模式，在市场需求的驱动下较好地平衡了学校培养学生与企业开发产品之间的供求关系，实现了人才培养与企业效益的双赢。

① 苏传芳. "双主体－准员工"校企合作人才培养模式探索与实践——以安徽电子信息职业技术学院软件技术人才培养为例[J]. 安徽电子信息职业技术学院学报，2017，16（02）：71-75.
② 许志良，邓果丽，覃国蓉. 软件专业校内实训基地的构建与创新[J]. 实验技术与管理，2014，31（07）：212-214.

重庆航天职业技术学院刁绫等认为高职院校软件技术专业培养出来的学生不能满足企业需求的主要原因在以下几方面：一是校企合作不够紧密，保障机制不健全，对校企双方的利益权衡仍然是以学校为主，企业没有积极性；二是对当前高职学生的学习情况分析不够深入，课堂教学形式仍然采用传统的灌输方式，教师在课堂上高高在上的角色仍是大多数；三是学生学习、训练与软件企业工作岗位需求脱节。因此，积极研究适合当前软件技术专业学生实际情况，建立满足企业用工需求，适合专业发展，符合我国职业教育国情，具有工学结合特色的人才培养模式十分必要。因此探索和实践了"一个纽带、双元教学、三个平台、四段培养"模式，以校企合作为基础，紧跟市场走势，学生实践的作业即是市场需求的项目，通过真实项目和应用商店，将作业转化为作品，作品转化为产品，产品转化为商品，循序渐进地培养学生职业素养和职业技能，实现校企利益共赢①。

1.3.2 高职院校软件人才培养——"校企研"协同育人探索实践

1. 解决的问题

重庆工程职业技术学院在软件技术专业建立之初，就意识到软件专业的特殊性，通过调研、总结和分析，发现我国高职院校软件技术人才培养普遍存在以下问题：

（1）办学主体知识前沿性不足，缺少技术创新。

软件技术专业的传统校企合作注重当前市场需求而忽略了技术前瞻性。学校教师的技术水平不能与行业发展同步，教授的知识滞后，不具备前瞻性，学校引进的企业兼职教师往往注重学生实际开发能力的培养，不注重学生软件新理论的传授，导致学生接触前沿知识不足和缺乏创新性，自身水平和企业需求存在较大差距。

（2）缺乏校企双赢的合作机制，企业参与积极性不高。

在国家大力倡导深化校企合作、产教融合的基础上，我国高等职业教育在校企合作领域取得了较大进步，但也普遍存在合作深度不够和积极性不高等问题，究其原因是在校企合作过程中，企业的付出和得到不成正比。在以利润求生存的

---

① 刁绫，陈磊，徐受蓉. 高职软件技术专业"一二三四"人才培养模式的研究与构建[J]. 课程教育研究，2015（16）：16-17.

背景下，企业不愿意长时间做亏本生意，于是出现企业合作积极性不高和动力不足等现象，因此，校企合作需要一种满足各方利益，校企双赢的长效合作机制。

（3）缺乏行业背景，学生竞争力不强。

软件技术专业学生在校学习的主要是普适性的技术，如 Java、Web、C#等，实践训练也以普适性软件为主。与机械、电气类专业掌握软件开发技术的学生相比，由于其没有行业背景，专业优势和市场竞争力略显不足。

（4）校内教育教学平台与职业环境不匹配。

学校传统的教学环境主要为理论教室+机房，未充分考虑到软件技术学习的特殊性，不利于学生职业能力的培养。如经常出现很多学生开发环境都没搭建好，或者程序编写一半就下课了，导致学生的学习无法延续。当前学校缺乏满足软件技术职业环境需要的培养学生基础能力、软件开发能力和创新创业能力的一体化平台。

（5）教学环节和课程体系不能满足新时期分层分类人才培养的需要。

传统的课程体系大多按照"公共基础课""专业基础课""专业核心课"和"毕业设计"4 阶段开设课程，缺乏对软件技术人才成长规律的充分考虑，不利于软件技术专业学生能力的培养。课程体系设置时采取统一课程、统一标准，未充分考虑到学生基础和兴趣的差异性，不利于新时期高职教育人才的分层分类培养和差异化发展。

2. 实现的途径

针对软件技术升级换代周期越来越短、软件人才知识技能滞后的实际情况，职业技术学院应在已有校企合作基础上，以培养"技术能力强、项目能力强、创新意识强"的高素质软件技术人才为目标，提出"三方共赢、项目协作、协同育人"的软件技术人才培养理念，以校、企、研三方的利益为切入点，2013 年，重庆工程职业技术学院与中国科学院重庆绿色智能技术研究院、中煤科工集团重庆研究院等科研机构和重庆城银科技股份有限公司、重庆港澳大家软件有限公司、重庆网安计算机技术服务中心等企业构建了软件技术人才培养共同体。

学校教师负责学生基础知识和软件技术基本技能的讲授，以及学生的日常管理，参与企业真实项目研发和科研院所成果转化；企业负责学生实践课程教学和项目开发实践能力的培养，以及参与科研院所研究成果的转化；科研院所负责学生前沿知识的讲授和创新创业意识的培养，将科研院所的项目融入教学全过程。形成校企融合、校研融合和企研融合的"三融合"育人机制，充分融合科研院所掌握的前沿技术和理论，并融合企业的项目实战能力。有效解决传统的校企双主体联合办学存在技术前沿性不强，缺少创新的问题。

以"三融合"为基础，汇集三方优质项目资源，配置经验丰富的多元化师资队伍、项目研发队伍、导师制队伍，打造以职业能力培养为主线、以真实工程项目为纽带的"教育教学、工程应用、创新创业"三平台，实现学生角色多维度转变，营造全方位职业素养提升环境。有效解决学校教学实施环境职业能力培养实践性不强，堵塞能力提升通道的问题。

以"三平台"为依托，以岗位能力为核心，遵循软件技术人才培养规律，注重文化传承和个性化发展，设计并实施了基础技术、工程应用、创新创业"三阶段"模块化（方向性）课程体系，实现学生进阶式、分层分类培养。有效解决高职院校软件技术人才培养体系存在阶段培养目标不明确、欠缺整体设计的问题。

3. 取得的成效

通过校企研共同体的"三融合、三平台、三阶段"人才培养模式实施，人才培养质量明显提升，四年实践就已经取得丰硕成果：学生参加技能大赛获得省部级一等奖 20 项、二等奖 30 项，获得国家二等奖 5 项、三等奖 15 项；学生参加全国计算机软件水平考试通过率提高了 30%。软件技术专业学生就业率达到 100%、专业对口率达到 90%、企业满意度达到 90%，相当部分学生进入到中国科学院重庆绿色智能技术研究院、重庆城银科技股份有限公司等科研机构和著名企业。

学校被重庆市经济和信息化委员会评为"重庆市信息技术软件人才培养实训基地"；以蛙圃美克工作室、创杰科技工作室、佳博软件开发工作室、AC 广告工作室等 4 个工作室为依托建立的"智云"众创空间被重庆市教育委员会和重庆市科学技术委员会分别评为重庆市高校众创空间和重庆市众创空间。计算机类专业学生招生报考率和报到率比 2013 年分别提高了 120.3% 和 7%；软件技术专业招生从 2014 年报到 50 人增加到 2017 年的 248 人，报到率为 98.41%。学校教师为主体参与的校、企、研三方共同体完成项目研发 30 余项，转化科研成果 8 项，一方面为企业和科研院所发展节约成本，另一方面教师社会服务能力明显增强。

1.3.3 高职院校软件人才培养——"卓越班模式"探索实践

1. 解决的问题

在实施"校企研"协同育人的基础上,因我国高等教育从精英化向大众化发展,生源质量出现了下降,学生个体情况和学习志趣也存在较大差异,统一人才培养模式存在诸多问题,已不能满足人才培养需求。另外,高职应在大众化培养的基础上培养高精尖学生,将大众化培养与精英化培养相结合,为向制造强国迈进提供人才保证。在进行卓越人才培养的过程中,存在的问题主要有:

(1)学校教学环境与软件类企业真实工作环境有差距,导致学生难以快速适应企业工作。

(2)专业教学资源与企业真实工作项目有差距,导致学生实践技能与企业岗位不匹配。

(3)人才培养路径与职业发展过程有差距,导致无法满足学生个性化需求,人才培养规格不适应产业发展需求。

(4)考核评价方式与企业真实需求有差距,不利于激发学生的积极性。如图1.5 所示。

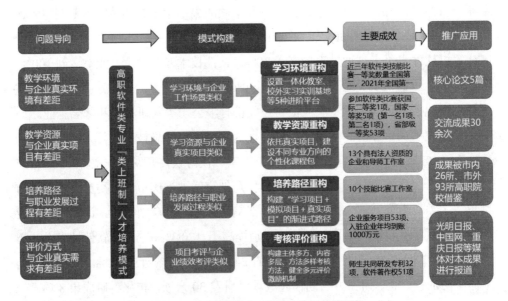

图 1.5 卓越班模式(类上班制)框架图

2. 实现的途径

（1）搭建"课内+课外"双贯通学习环境。

一是搭建课内学习环境，设置"教、学、做、思"一体化教室，学生拥有独立工位，实行由辅导员、工程师和二级学院领导组成的多班主任负责制，实施与软件类企业一致的作息时间。二是搭建课外学习环境，联合企业成立校内企业研发中心与校外实习实训基地，以项目为驱动，发挥企业和学校双导师作用，指导学生按软件生命周期完成项目；联合科研院所成立导师工作室，共同申报纵横向课题，开展科技创新活动；联合入驻企业、科研院所共建创新创业与技能比赛工作室，以训练学生专业技能为导向，校企研共同制定训练方案。

（2）构建"分方向、全周期"教学资源。

面向软件类专业岗位群，将专业划分为不同方向，学生可根据自身志趣自主选择；拆分企业真实项目，按需求分析→系统设计→编码实现→软件测试→运行维护的项目生命周期建设资源，构建不同专业方向的个性化课程包。

（3）构建"渐进式、项目化"培养方法。

第一阶段为学习型项目，学生可进入不同方向的一体化教室学习个性化课程包；第二阶段为模拟型项目，基于企业已交付的真实项目，模拟企业项目组架构，组建"项目经理+需求分析师+原型设计师+开发工程师+测试工程师"项目组，由企业和学校导师共同指导，按软件生命周期完成项目开发；第三阶段为真实型项目，基于搭建的课外学习环境，依托校企研三方，组建"企业导师+学业导师+心理导师+科研导师+职业规划导师"师资队伍，形成由"软件项目+科研项目+比赛项目"组成的真实型项目，学生可根据自身志趣个性化选择。

（4）构建"考核+激励"评价方法。

一是构建"主体多方、内容多层、方法多样"的考核方法。构建由学生、学校教师、企业导师组成的评价主体，学生开展自评和互评，学校教师与企业导师共同实施软件行业 KPI 考核。构建由学习型项目、模拟型项目、真实型项目组成的多层评价内容，学习型项目侧重考查岗位技能，模拟型项目侧重考查团队协作，真实型项目侧重考查产出绩效。二是健全多元评价激励机制。实行学分累积与转换制度，考核达到要求的，给予相关课程免修、赋予等价学分的激励，通过实际项目创造价值，在校内实施带薪工作、按任务分配、按价值奖励，提高学生的积极性。

3. 取得的成效

第三方统计数据表明，我院软件类专业 2020 届毕业生在成渝地区就业一年后月薪达 6500 元的占 85%，高于全国高职同期月薪 10%，与 2018 届的 43% 相比，增幅达 49%。软件类专业 2020 届毕业生就业率、企业满意度和专业对口率分别达 98%、95%、93%，远高于 2018 届的 90%、82%、80%，增幅分别为 8%、13%、13%。软件类专业毕业生作为企业骨干，为中国科学院重庆绿色智能技术研究院、重庆南华中天信息技术有限公司、亚德集团等科研机构和知名 IT 企业的重大信息工程提供了交付、运维等技术服务。

聚焦职教公布的软件类专业 2019—2021 年全国职业技能竞赛一等奖数量排名中，我院位列全国第 2 名，重庆市第 1 名，其中 2021 年位列全国第 1 名。参加软件类技能比赛获国际二等奖 1 项，国赛一等奖 5 项（全国第一名 1 项，全国第二名 1 项），省部级一等奖以上 53 项。

成果实施以来建成国家级骨干专业 2 个，省部级骨干专业 3 个，省部级一流专业群 1 个，入选国家双高建设专业群专业 2 个，获批重庆市特色化示范性软件学院建设单位，软件技术专业被重庆市经济和信息化委员会授予软件人才培养实训基地，主编立体化教材 20 种，获国家级精品在线课程 1 门，省部级精品在线课程 7 门，累计学习人数近 12 万人。创建的"智云众创空间"被重庆市教委授予"重庆市高校众创空间"称号，被重庆市科委授予"重庆市众创空间"称号，该空间成功孵化了蛙圃美克、创杰科技、佳博软件开发等 13 个具有法人资质的校企导师工作室和移动互联、嵌入式、软件测试等 10 个技能比赛工作室，成果实施以来，学校为企业服务项目共 53 项，入驻企业年均到账 1000 万元，师生共同研发专利 32 项，软件著作权 51 项。

第 2 章 理论模型

2.1 理论基础

2.1.1 现代学徒制理论

学徒制，顾名思义是指通过师傅带徒弟学习的模式，将知识、技能传授给徒弟。"现代学徒制"（Modern Apprenticeship）是校企深度合作、双师共同教授的人才培养模式，是传统学徒制与现代职业教育有机结合的产物。该理论以校企合作为基准，以学生个人技能提升为宗旨，以"理论学习+实践操作"为纽带，以"工学结合"为方式，以"学校教师+企业师傅"教学资源为配置，融合校、企、行多方力量，弥补了传统的单主体学校职业教育的不足，是一种能够深刻体现校企合作、产教融合的创新技术技能人才培养模式[①]。现代学徒制教育的发展对高职院校改革创新具有非常重要的意义，一方面可以满足企业所需适用型专业人才，另一方面，可以解决企业用工与学校教育脱节问题，再次有利于企业建立稳定的员工队伍，同时还可以促进地方经济的发展[②]。下面将从国内、国外两方面阐释现代学徒制的发展历程。

1. 国外现代学徒制发展历程

早在公元前 2100 年，学徒制度就已经成为传授知识的主要形式。最初是父亲把手艺传给儿子，随着手工业作坊逐步扩大，工匠不能只靠自己的孩子去完成任务，还需要招收别人的孩子到自己的作坊做帮手，并把他们作为养子授以职业上的技艺和秘密。师徒之间是一种"父子"关系，师徒合同是由徒弟的父亲或保护

---

① 夏旭，潘长珍."现代学徒制"的人才培养模式研究[J]. 湖南工业职业技术学院学报，2014，14（5）：105-107.

② 张玮. 现代学徒制的探索与实践[J]. 现代职业教育，2020（7）：208-209.

人同师傅签订的，属私人性质。当时年轻人以养子的形式拜师学艺的做法相当盛行，世界第一部成文法——汉姆拉比法典就有关于这种养子制度的规定。国外现代学徒制的产生最早可追溯到第二次世界大战以后，特别是 20 世纪 70 年代，部分发达国家针对人才教育开展了广泛的研究，其中最具代表性的现代学徒制模式就是德国的"双元制"和英国的"现代学徒制"[①]。

德国的"双元制"包含两方面的含义，即"双重场所""双重身份"，其中"双重场所"是指每个受教育者都要经过两个不同的教育场所，一元是职业学校，负责教授学生职业有关专业知识；另一元是指企业或公共事业单位等校外实训场所，负责教授学生职业技能[②]；"双重身份"，指的是主体既是职业学校的学生，也是企业的员工；课程包含两方面，即学校理论专业知识和企业的实践项目。德国"双元制"教育秉承"以学为主，师为辅，学生为中心"的教育教学理念，认为单纯的学校本位职业教育被认为是脱离实际的、偏重理论的或者脱离日常生活的[③]，因此培养目标以培养"职业性"为首要原则，注重培养学徒从事某项职业所具备的一整套能力并贯穿人才培养全过程[④]。德国自"双元制"人才培养模式实施以来，经济得到飞速发展，自此"德国制造"成为德国工业响亮的名牌，同时该模式为德国人才培养打下了坚实的基础，自此西欧各国结合本国实情，纷纷以"双元制"为学习典范，陆续开展现代学徒制人才培养模式研究。

英国的现代学徒制是在德国"双元制"人才培养模式的基础上发展而来的，并吸取了该模式的优势[⑤]。传统的学徒制培养目标为熟练的技术工人，而英国现代学徒制在此基础上做了转变，将目标定位为培养理论实践兼具的新型劳动者，因此在传统学徒制的基础上有了进一步的发展。英国现代学徒制在传统学徒制专注手工业领域的范畴内做了突破，进军旅游服务、信息技术、人体保健、出行推荐等新兴技术领域，通过设置多样性课程体系，包括关键技能课程、NVQ（National Vocational Qualifications）、技术证书课程等，实施工读交替教学模式，创设立体

---

① 郇新，蒋庆磊. 现代学徒制发展历程与关键[J]. 产业与科技论坛，2018，17（20）：116-117.

② 陈杰萍. 安徽省中等职业学校现代学徒制人才培养模式研究[D]. 天津大学，2020.

③ SCHAACK K. Why do German Companies Invest in Apprenticeship[M]. Springer Netherlands，2009.

④ 陈杰萍. 安徽省中等职业学校现代学徒制人才培养模式研究[D]. 天津大学，2020.

⑤ 陈杰萍. 安徽省中等职业学校现代学徒制人才培养模式研究[D]. 天津大学，2020.

网络化管理架构,使得英国现代学徒制相较于传统学徒制普适性更强[①]。英国现代学徒制实质属于社会培训性质,与国家职业资格(NVQ)制度对接,在"终身学习"理念指导下,将以"结果为导向"作为学徒考核标准,以不同的人才培养目标作为划分不同等级学徒制的标准,并且对于不同层级的现代学徒制标准,均有国家框架下的同等级职业资格证书与之相对应。可见,无论是注重培养过程还是结果导向分层要求,现代学徒制人才培养目标皆与本国国情及实际人才培养需求相适应[②]。

针对现代学徒制人才培养模式,目前国际公认的模式有两种,一种是 2005 年由 Hilary Steedman 提出的"高企业合作与低学校整合型"和"低企业合作与高学校整合型",前者是需求引导型(Demand-led),后者是供给引导型(Suply-led)[③];另一种也是 2005 年加拿大生活水平研究中心(Centre for the Study of Living Standards,CSLS)提出的,盎格鲁-撒克逊系统(Anglo-Saxon System)和北欧系统(Northern European System),该研究中心对欧洲各国的学徒制研究成果进行分析,汇总为上述两种类型[④]。西方国家(包括德国、英国、美国、法国、丹麦、意大利、爱尔兰、澳大利亚、瑞士、加拿大、奥地利等)对现代学徒制人才培养目标、培养内容、培养方式、师资队伍、评价方式等做了大量有益的研究和探索,理论及实践日趋成熟,并形成了一系列有价值的成果,这些有价值的理论基础和实践经验为其他国家开展研究提供了有益的支撑,对人才培养模式等方面的研究具有普遍性,对研究我国职业学校现代学徒制人才培养模式的构建具有重要的借鉴意义。

2. 国内现代学徒制发展历程

在人类几千年的文明发展史中,通过学徒制度造就了无以数计的能工巧匠,铸造了灿烂的人类文明,对技术的发展、传递以及社会的繁荣、进步作出了不可磨灭的贡献[⑤]。我国学徒制可以追溯到很久以前的奴隶社会,在奴隶社会已经存在

---

① 蔡泽寰. 英国的现代学徒制度[J]. 中国职业技术教育,2005(6):40-41.

② 陈杰萍. 安徽省中等职业学校现代学徒制人才培养模式研究[D]. 天津大学,2020.

③ STEEDMAN H. Apprenticeship in Europe: 'Fading' or Flourishing[J]. London: Centre of Economic Performance, 2005(12).

④ Sharpe J A. The Apprenticeship System in Canada: Trends and Issues[R]. Ottawa: CSLS, 2005.

⑤ 李振波. 学徒制度浅析[J]. 职教通讯,1998(1).

学徒的教育和培养。原始社会的职业教育是基于职业和生产劳动的需要传授生产劳动知识和技能，其内容可以概括为传授基本的原始工作技艺、动物驯养经验以及原始的自然科学知识。进入封建社会以后，社会经济开始转向以农业、手工业为主体，职业教育内容也随之围绕农业、手工业的发展需要而进行。职业技艺传授、教育有了长足进步，我国古代的学徒制得到了进一步发展[①]。

明代中叶以后，资本主义萌芽在江南各地开始陆续出现，纺织、丝绸织造等商品性经济空前活跃。这样一来，一方面随着商品流通领域的扩大，迫切要求手工业者进行技艺交流，民间作坊也开始了总结技艺的努力；另一方面为独占利益，减少竞争，明清时期我国出现了既受官府和客商制约，又有力量同官府和客商抗衡的以维护自身利益为目的的组织——"行会"，行会的产生催生了行会学徒制，没有学徒经历的人便没有经营工商业的资格，而晋商作为这一时期的重要帮商，在发展过程中形成了相对稳固的学徒制度[②]。

第一次鸦片战争以后，很多国家纷纷在中国开办工厂，需要廉价的劳动力和技术工人，同时中国民族工商业的发展，需要熟练工人、技术人员、管理人员，这就促使我国近现代职业教育迅速发展起来。新中国成立后，学徒制继续在新中国的生产建设中发挥着重要作用。在古代传统学徒制的基础上，我国职业教育系统普遍采取了徒工培训形式的学徒制，即由企业招收青年进厂，直接在生产经营过程中采取以师带徒的方法，培养工人的一种制度[③]。

新中国成立初期的技术工人，大多数是通过这种形式培养出来的。改革开放以后随着我国与世界各国不断交流与合作，世界上许多先进的教育模式不断被引进。其中就包括西方的学徒制，在中外两种学徒制的共同交融下，学徒制在技术工人培养中进一步发挥了举足轻重的作用，逐渐成为技术工人培养的一种重要模式[④]。

21世纪初可以视为我国现代学徒制研究的起点。学者何小瑜于2001年在《中国培训》发表《英国的现代学徒制》，在国内首次提出"现代学徒制"这一概念[⑤]。

---

① 刘晓. 我国学徒制发展的历史考略[J]. 职业技术教育，2011，32（9）：72-75.
② 刘晓. 我国学徒制发展的历史考略[J]. 职业技术教育，2011，32（9）：72-75.
③ 刘晓. 我国学徒制发展的历史考略[J]. 职业技术教育，2011，32（9）：72-75.
④ 刘晓. 我国学徒制发展的历史考略[J]. 职业技术教育，2011，32（9）：72-75.
⑤ 陈杰萍. 安徽省中等职业学校现代学徒制人才培养模式研究[D]. 天津大学，2020.

之后的十几年间，学术界众多学者对现代学徒制表现出极大热情，研究成果也随着试点的开展逐年攀升。相较于以往的订单培养、企业冠名班等方式，校企"双主体"育人、共同制定培养课程体系和标准、规范培养流程、校企双导师带徒、共同考核评定等方式体现了现代学徒制的基本特征，也进一步加强了校企关系，体现了深度融合[①]。

近代中国现代学徒制教育研究主要采用消化吸取国外先进学徒制发展经验，通过试点研究适应中国教育发展现状为主[②]。我国"现代学徒制"的高职院校人才培养模式是在借鉴国外职业教育发展成功经验的基础上，结合我国高职院校发展的基本现状，提出的具有我国特色的高职院校人才培养模式改革的创新点，该模式是打破目前校企合作瓶颈、推动校企深度融合的新举措。

总体说来，国外对现代学徒制的研究起点早、覆盖范围广、内容研究深入，特别是人才培养内容与时俱进，培养方式和过程积极创新，国际经验研究视角更加开阔，可借鉴经验更加丰富。研究成果多集中在宏观和中观层面，个案研究较少。近十年，特别是推行现代学徒制试点以来，我国学者对于现代学徒制的关注度越来越高，成为学术界研究的重点和热点[③]。国内研究成果自开展试点工作以来尤为集中，内涵及特征的讨论随着本土化实践探索逐步深入，在积累初步建设经验基础上，诸多学者围绕人才培养模式的各种视角开展了广泛讨论。随着试点工作的推进，从前期的基本形态构建到对突破当前困境、提出下一步优化对策和对未来展望的研究也逐渐增多。国内学者对于现代学徒制人才培养模式的研究成果，以专业群体或某所学校为对象的研究较多，以区域和集团的个案及多案例的研究仍然较少；研究层次多集中在高等职业教育和应用型本科，对适合中等职业教育、符合中等职业学校特点的针对性研究成果匮乏。

2.1.2 产业链－创新链－教育链融合理论

1. "三链"内涵

世界正经历百年未有之大变局，新一轮科技革命和产业变革正在重构全球创

① 陈杰萍. 安徽省中等职业学校现代学徒制人才培养模式研究[D]. 天津大学，2020.
② 郇新，蒋庆磊. 现代学徒制发展历程与关键[J]. 产业与科技论坛，2018，17（20）：116-117.
③ 陈杰萍. 安徽省中等职业学校现代学徒制人才培养模式研究[D]. 天津大学，2020.

新版图和全球经济结构，人工智能、机器人技术、虚拟现实以及量子科技等蓬勃发展，将深度改变人类生产和生活方式，并对国际格局产生重要影响[①]。在当今国际形势复杂多变的背景下，2015 年，国务院印发《中国制造 2025》的通知，通知指出当前新一轮科技革命和产业变革，与我国加快转变经济发展方式形成历史性交汇，国际产业分工格局正在重塑，打造具有国际竞争力的制造业，是我国提升综合国力、保障国家安全、建设世界强国的必由之路，要实施制造强国战略，加强统筹规划和前瞻部署，把我国建设成为引领世界制造业发展的制造强国[②]。2017年国务院发布《国务院办公厅关于深化产教融合的若干意见》，意见指出受体制机制等多种因素影响，新世纪以来人才培养供给侧和产业需求侧在结构、质量、水平上还不能完全适应，"两张皮"问题仍然存在[③]。2019 年，国家发展和改革委员会、教育部等 6 部门印发的《国家产教融合建设试点实施方案》指出，深化产教融合，促进教育链与产业链、创新链有机衔接，是推动教育优先发展、产业创新发展、经济高质量发展相互协同与促进的战略性举措[④]。2020 年 9 月，习近平总书记在科学家座谈会上讲话指出，"人才是第一资源。国家科技创新力的根本源泉在于人。十年树木，百年树人。要把教育摆在更加重要位置，全面提高教育质量，注重培养学生创新意识和创新能力。要尊重人才成长规律和科研活动自身规律，培养造就一批具有国际水平的战略科技人才、科技领军人才、创新团队。要高度重视青年科技人才成长，使他们成为科技创新主力军"[⑤]。因此，强化企业主体作用，推进产教融合人才培养改革，深化校企合作、工学结合办学制度，促进教育链、人才链与产业链、创新链有效融合，是当前推进人力资源供给侧结构性改革

① 刘志敏，胡雪丹，王佳敏. 以创新链重塑教育链——构筑产学研用国际合作大格局的实践探索[J]. 中国高等教育，2020（20）：6-8.

② 国务院. 国务院关于印发《中国制造 2025》的通知[EB/OL].
http://www.gov.cn/zhengce/content/2015-05/19/content_9784.htm，2015-5-8.

③ 国务院办公厅. 国务院办公厅关于深化产教融合的若干意见[EB/OL].
http://www.gov.cn/zhengce/content/2017-12/19/content_5248564.htm，2017-12-19.

④ 吴志军，那成爱，杨元，等. "产业链－创新链－教育链"协同融合的综合性设计人才培养模式与实践[C]，中国设计理论与技术创新学术研讨会——第四届中国设计理论暨第四届全国"中国工匠"培育高端论坛论文集，2020.

⑤ 中共中央党校（国家行政学院）. 习近平：在科学家座谈会上的讲话. https://www.ccps.gov.cn/xxsxk/zyls/202009/t20200911_143356.shtml，2020-9-11.

的迫切要求，对新形势下全面提高教育质量、扩大就业创业、推进经济转型升级、培育经济发展新动能具有重要意义[①]。

第一，教育链。国内研究者针对"教育链"的涵义给出了不同的定义，孙克新、李玉茹（2010）提出教育链是以学生为教育起点，以教学各环节为中心，以就业单位为终点的教育链条；徐新洲（2021）认为教育链是以学生为教育起点，以就业单位为终点，涉及多方育人主体、多元育人要素、多个育人环节的教育全过程链条[②]。简而言之，"教育链"是以人才教育为中心，将多方育人主体、多元育人要素、多个育人环节有机融合的教育全过程链条。

第二，创新链。"创新链"是指从创新源头开始，以基础研究原始创新、产业研发技术创新为核心，依托知识创新将各类创新主体和创新要素连接，直到完成市场价值和创新成果产业化的全过程[③]。

第三，产业链。吴红雨（2015）认为"产业链"是生产各部门基于技术经济联系形成的一条从技术到生产再到市场的链条，包含价值、企业、供需和空间四个维度。产业链包含了产品策划与创意设计、产品研发、原材料生产及采购、零部件制造、产品制造、组装加工、物流运输、市场销售、品牌推广与服务等环节，涵盖的环节（工序）可能属于不同行业领域，但也可能是同一行业甚至同一企业内[④]。龚勤林（2004）将产业链定义为在一定经济基础上，各产业依据自身特性，将逻辑关系发展和时空布局关系形成作为基准的一种关系形态。随着新时代的到来，高等教育在产业链协同发展中具有至关重要的作用，新的功能定位和产业转型升级则对高等教育在科研、人才培养乃至空间布局方面提出了较大挑战[⑤]。

2. "三链"之间的逻辑关系

第一，教育链对接创新链和产业链。在教育链逻辑建构下，教育链以教学各

---

① 国务院办公厅. 国务院办公厅关于深化产教融合的若干意见[EB/OL].
http://www.gov.cn/zhengce/content/2017-12/19/content_5248564.htm，2017-12-19.
② 徐新洲. "三链融合"培养创新型和应用型人才研究[J]. 学校党建与思想教育，2021（24）：79-80，96.
③ 徐新洲. "三链融合"培养创新型和应用型人才研究[J]. 学校党建与思想教育，2021（24）：79-80，96.
④ 吴红雨. 价值链高端化与地方产业升级[M]. 北京：中国经济出版社，2015.
⑤ 张喜才. 京津冀高等教育链与产业链协同发展研究[J]. 现代管理科学，2018（10）：21-23.

环节为中心，涉及多方育人主体、多元育人要素，因此，高校要实现"三链融合"协同培养创新型和应用型人才，就要转变原有的教育观念，打破原有的教学组织形式，积极推动与社会、企业之间的联合办学，从办学目标、专业设置、课程安排、实践环节等方面入手，全面对接创新链和产业链，把握多方需求，实现供需匹配。要进一步优化人才培养目标、培养方案、培养模式，加快人才培养专业结构调整，形成基于社会发展和市场需求的人才培养新导向、新维度。可通过建立"三链融合"协同培养创新型和应用型人才新格局，破解人才培养供给侧与产业发展需求侧的结构性矛盾，全面提升高校人才供给与社会发展需求的匹配度①。

第二，创新链赋能教育链和产业链。创新链与教育链有着共性的特征，即以科研为核心。在创新链逻辑建构下，创新链是从基础研究到应用研究、从技术研发再到产品生产的创新全过程的集合。高校实施"三链融合"协同育人，一要坚持以产学研协同创新链为驱动，以满足市场需求为导向，促进创新主体与教育主体、产业主体精准对接。二要优化创新资源配置，对人才培养教育链和产业链的各个环节进行重新设计，从而形成创新驱动教育教学及成果转化的良性循环系统。三要通过产学研协同创新的各类平台和载体，把各类创新要素转化为教学要素，把生产工厂转化为教学平台，把创新成果转化为教学内容，把创新的"密度"转化为教学的"浓度"，把以课堂授课为主的理论教学与直接从事生产实践的应用教学有机结合，从而全面提升人才培养质量②。

第三，产业链部署教育链和创新链。在产业链逻辑建构下，产业链条上的每一个环节都可以成为人才培养教育链所需要的多元创新资源要素。由此可见，"三链融合"协同育人是产业链与教育链、创新链有机交叉融合的新业态。高校实施"三链融合"协同培养创新型和应用型人才，一要以产业链来引导、部署人才培养教育链和创新链，加强产业链与人才培养教育链、创新链之间的"反馈"和"匹配度"。二要依据产业发展需求优化配置人才培养中的创新资源和创新要素，实现多元创新资源和要素交叉融合、协同互促的动态耦合。三要把产业高质量发展对

---

① 徐新洲."三链融合"培养创新型和应用型人才研究[J]. 学校党建与思想教育，2021（24）：79-80，96.

② 徐新洲."三链融合"培养创新型和应用型人才研究[J]. 学校党建与思想教育，2021（24）：79-80，96.

人才知识结构、能力素养的要求作为优化教育组织形式和科研组织模式的重要依据，并以满足产业发展对人才的需求为导向，推动产业链条上的各类资源要素充分融入教育教学和科学研究各环节，从而有效衔接技术创新和知识创新[①]。

3. "三链"融合模式

在当今国际形势复杂多变的背景下，我国在尖端科技领域还存在短板，继中兴、华为"卡脖子"事件后，我国创新驱动产业升级问题日益突出。2018 年至今，国际产学研用合作会议相继在南昌、哈尔滨、沈阳、长春举办，会后我国也持续开展与其他国家高校、企业、机构的深度合作，深入探索多方共赢的国际产学研合作交流新格局，实现了"产业链－创新链－教育链－人才链"的贯通[②]。"产业链－创新链－教育链"既相互融通，又相辅相成。

其一，科教融合，即教育链与创新链融合。该理念的重点是以科研为核心，通过在教育培养过程植入科研相关训练，提升学生的科学素质、自主学习能力、接收新事物的能力、创新思考问题的方式。众所周知，教育链是以研究型大学为主体，而研究型大学主要开展理论性的研究，难以进行理论成果的转化，而创新链主要以企业为主体，创新是企业生生不息的关键。两者有互补互促的作用，教育链与创新链相融合，一方面，企业可以借鉴高校的理论研究并进行商业转化；另一方面，高校可以借助企业的力量改进创新型人才培养措施，提升育人质量，这样就可以达到教育链与创新链融合的双赢局面。

其二，产教融合，即教育链与产业链融合。我国产教融合发展历程可大致分为 4 个阶段，即制度吸纳的萌芽期（1949—1976 年）、制度吸纳的继续探索时期（1979—1995 年）、制度吸纳的逐步确立时期（1996—2013 年）、制度吸纳的明确化时期（2014 年至今）。第一阶段产教融合概念开始萌生，在新中国工业化建设德智体全面发展的社会主义新人的号召下，半工半读模式初见雏形。第二阶段随着生产力的不断发展，产教融合概念正式提出，以"工学结合、产教融合"为主旨的人才培养模式，丰富了教育与生产相结合的内涵，以服务我国现代化建设为

---

① 徐新洲. "三链融合"培养创新型和应用型人才研究[J]. 学校党建与思想教育，2021（24）：79-80，96.

② 刘志敏，胡雪丹，王佳敏. 以创新链重塑教育链——构筑产学研用国际合作大格局的实践探索[J]. 中国高等教育，2020（20）：6-8.

目标，通过"工学结合、产教融合"的方式跨部门、跨行业、跨地域等联合培养、委托培养的方式开始盛行。第三阶段是以培养全面建设小康社会的技能型人才目标为背景，随着《中华人民共和国职业教育法》（1996 年）、《面向 21 世纪深化职业教育教学改革的原则意见》（1998 年）、第五次全国职业教育工作会议（2004年）、《关于大力发展职业教育的决定》（2005 年）的颁布或开展，校企合作、"订单班"培养、顶岗实习、产学研结合等人才培养模式如雨后春笋般进入大众视野，这也是职业教育转型的重要阶段，实现了从计划培养到市场驱动转变。第四阶段，我国拟对 2014—2020 年现代职业教育体系进行了建设规划，即达到 2020 年实现形成适应发展需求、产教深度融合、中高职衔接、普职沟通，体现终身教育理念，具有中国特色和世界水平的现代职业教育体系。从含义上来说，这一时期对产教融合提出了更明确的要求，同时 2017 年发布的《关于深化产教融合的若干意见》也直接对未来 10 年深化产教融合的发展给出了详细的规划及要求，即达到产教融合、良性互动的新格局。

其三，产创融合，即创新链与产业链融合。由"科学—技术—生产"的范式可知，创新链与产业链的融合是基于技术创新和产业发展衍生而来的。技术创新是增强产业升级、促进经济结构转型的关键，技术创新与产业发展具有互补互促的关系，导致创新链与产业链也具有互补互促的效应。

一方面，创新链持续推动产业链发展，创新链与产业链融合理念最早可追溯到第一次工业革命，工业革命的基础便是两链之间的融合，而第二次工业革命（19世纪中叶）、第三次工业革命（20 世纪 40 年代）则进一步加深了创新链与产业链的融合。具体而言，该机理的内在含义是创新链推动产业链融合的起步模式，是创新链推动产业链形成和发展，在之后的融合过程中，创新链对产业链的推动力和产业链对创新链需求的劳动力协同促使新创新链的形成[1]。

另一方面，产业链持续拉动创新链。由于发展中国家相当大的一部分尖端技术都是来自发达国家，导致我们在创新链、产业链的关键环节上需要依附于发达国家，由于缺乏关键产业尖端技术，我们更多的是采用"产业链拉动创新链"的模式。发展中国家在产业链日渐成熟的情况下，通过吸收发达国家创新技术，基

---

[1] 韩江波. 创新链与产业链融合研究——基于理论逻辑及其机制设计[J]. 技术经济与管理研究，2017（12）：32-36.

于产业链对创新链的巨大需求，不断增强技术创新能力，优化技术储备，升级技术创新。

其四，"三链"融合，即产业链、创新链、教育链相互融合。"三链"融合理论最早是由亨利·埃茨科威兹（Henry Etzkowitz）提出的三螺旋理论衍生而来的，三螺旋理论即"行政－产业－高校"三重螺旋关系，产业链、创新链、教育链融合是实现产教融合，提升服务质量的重要途径。

2.2 设计思路

2.2.1 "校企研"共同体

1. "校企研"共同体育人机制内涵

随着我国经济的快速发展和社会的不断变革，实施"校企研"共同体育人模式，对高职院校的未来发展和创新型技能型人才的培养具有深远意义，也是我国职业教育发展的重要决策。"校－企－研"三方各有其优势所在，首先，高校作为育人主阵地，承担着培育高质量人才的重任，始终以人才培养质量提升为中心，同时高校有人才、理论知识体系和技术储备等优势；其次，企业的优势则集中在广阔的市场、充足的资金、高效的管理体制机制等方面；最后，科研院所则具备前沿高端技术体系。综上，"校企研"三方协同育人模式是涉及政府、企业、学校、科研院所、社会、学生、教师、科研人员等多元化的合作形式，是"人才－科研－产品－市场"价值链的重要环节，也是一个完整的教育链。高校应充分利用学校办学的主动性，通过"校企研"协同育人可以将教学、科研、服务社会融入育人过程，发挥企业、科研机构协同管理育人机能，达到"多方协同、多方共赢"的目的，实现多方位育人。

2. "校企研"共同体育人国内外研究现状

"校企研"共同体是在校企合作基础上发展而来的，有着深厚的理论背景。校企合作理念最早是在 1862 年提出来的，当时美国通过了《莫里尔赠地法》，法规指出，为满足美国社会工业发展需求，需要提供相关技术技能型人才，应对传统办学体制进行改进，提倡创办农业学院和机械学院。1887 年通过的《史密斯杠杆法》倡导大学与企业进行合作，通过双方合作进行试验和实践研究达到相互促进的目的。20世纪初，校企合作进一步发展，以辛辛那提为代表的大学开始联合企业进行技术技能人才的培养。前述三个阶段是校企合作的萌芽阶段，校企合作模式的正式实行是在第二次世界大战期间，其中以"曼哈顿计划"为首的原子弹研制计划为校企合作的典型范式，该计划的实施促进了美国工业、科研事业以及经济的飞速发展，充分证明该机制的优越性①。第二次世界大战以后高校、企业、科研院所合作开始盛行，下面将从国内、国外两方面进行阐释。

（1）国外校企研协同育人模式。

当前国外校企研协同育人主要有4种模式：①英国"三明治"教育模式，该模式是"工学结合"的典范，按4年学习时间形成"2-1-1"学习模式，实行前2年和最后1年在校学习专业知识，中间1年在企业实习。该模式是以企业培训为主、学校教学为辅。②日本的"官产学研"一体化培养模式："官产学研"模式是企业参与、政府给予政策资金支持等形式，提升育人质量的同时，解决职业学校学生的实习和就业问题。③美国的"学工交替"教育模式，该模式是产学合作教育模式诞生的开始，该模式由美国辛辛那提大学的施耐德教授提出，他认为学生不应该局限于课堂理论教学，而是应该以社会需求为出发点，确定学生能力培养目标，让学生真正掌握实践能力，因为该模式实现了学校学习、工厂实践交替的育人模式。④德国双元制模式，一元指学生前半段时间在学校学习专业知识，另一元指学生另一半时间在企业体验实践工作，以获取专业相关技能。该模式的优势是针对双元育人模式有整套完善的教学计划、育人机制，且校企各司其职、权责分明。上述4种模式均以"学校、企业、政府"为主体，实现多方协同育人作用，不同点在于主导方和侧重点有所不同，因此对于我国的协同育人都有一定的借鉴意义②。

（2）国内校企研协同育人模式。

随着教育改革的深入，我国对"校企研"协同育人的研究也越来越成熟。国内学者对产教融合协同育人方面进行了大量探索，国内校企研协同育人过程大致

① 赵玖香.校企合作发展历程及研究现状概述[J].齐齐哈尔工程学院学报，2011，5（2）：13-17.
② 曹松晓."智慧计量"产业发展背景下校企研协同育人模式探索[J].现代职业教育，2021（42）：174-175.

分为四个阶段。

第一阶段为萌芽期（20 世纪 50—60 年代），当时为了大力发展军工产业，国家鼓励学校与企业合作进行技术创新，共同攻克技术难题，并且成效显著。在党的方针政策指引下，高校相关人员、企业的专业人员共同迈向校企合作的第一步，也是我国"校企研"发展的开端。

第二阶段为探索期（20 世纪 80 年代），随着改革开放步伐的推进，深刻认识到经济发展与科技进步的紧密关联性，1985 年左右，我国先后发布"经济建设必须依靠科学技术手段""教育必须为社会主义建设服务"等论断，为了有效推动科技促进经济发展，加强科研成果转化，校企研协同发展作为有效手段被搬上历史舞台，国内研究人员开始探索符合我国国情的校企研合作模式。

第三阶段为初步发展期（20 世纪 90 年代），该阶段我国正处在社会主义市场经济体制刚刚建立的阶段，一切都处在探索期，而国际竞争又日趋激烈，这就对企业创新发展提出了更高的标准，同时也对高校育人质量提出了更高的要求，伴随着 1991 年中国产学研合作教育协会的创办，校企合作进入了深化期。我国在多次重大会议中提出，要探索出一条适合我国国情的道路，逐步形成并完善校企合作发展的运行机制，增强我国在创新领域的竞争力，最终实现经济蓬勃发展。在国家政策的指引下，这一时期在校企研为依托的背景之下，一大批创新企业如雨后春笋般出现，如清华同方、北大方正等，同时各地也结合区域经济发展形势创立了高新技术科技园，实现了企业、高校、科研院所三方协同发展，促进科研资源的合理流动和配置。

第四阶段为成熟期（21 世纪至今），党的十六大报告指出"要造就数以亿计的高素质劳动者、数以千万计的专门人才和一大批拔尖创新人才"，这对职业技术教育提出了更高的要求，高职院校作为人才培养的主阵地承担了重要的职责。2010 年 6 月教育部发布"卓越工程师教育培养计划"，提出了我国要走新型工业化发展道路、建设创新型国家和人才强国战略服务，这对人才培养目标进一步做出了明确，即创新能力强、适应能力强。2011 年《国家中长期教育改革和发展规划纲要（2010—2020 年）》指出"创立高校与科研院所、行业、企业联合培养人才的新机制，促进高校、科研院所、企业科技教育资源共享，推动高校创新组织模式，培育跨学科、跨领域的科研与教学相结合的团队"，这也是高等教育人才培养的方向。2018 年教育部印发《职业学校校企合作促进办法》，办法指出"产教融合、校企合作是职业教育的基本办学模式，是办好职业教育的关键所在""要深入贯彻落实党的十九大精神，落实《国务院关于加快发展现代职业教育的决定》要求，完善职业教育和培训体系，深化产教融合、校企合作"，办法进一步明确了合作形式、促进措施以及监督检查。同时为了促进企业高速发展，加快产业升级，推动校企合作进加深入，多地开展共建企业研发中心，使得校企研合作形式更加灵活，合作层次更加深入。

2.2.2 "教学做"一体化

1. "教学做"一体化教学模式基本内涵

"一体化"一词在英文中释义为 Integration，即一个整体，通常是由多个分部组成的，而一体化就是将原来相互分离的单位转变成一个紧密系统的复合体，这个概念最早源于 20 世纪初，由著名的捷克斯洛伐克社会与政治学家卡尔·多伊奇（Karl Wolfgone Deutsch）提出，这个"一体化"定义着重强调了事物之间的相互联系，相互联系后所产生的新的结构和系统，从而产生新的功能。由此可见，一体化具有结合、整合、混合、融合、集成的意思[①]。"教学做"一体化是以"实用为主、够用为度"为基本原则，将专业理论教学以及职业技能训练贯穿至教学总体过程的一种教学模式。学生由传统的理论知识的被接收者，逐步转变成主动学习者，该模式根据高职院校的培养目标要求来重新整合教学资源，体现能力本位的教学特点，实现教师以"教学大纲和培养目标"为依据，以"实验室、教学基地、企业、生产车间"为活动中心，培养学生终生自主学习的能力而进行的授课方式[②]。该模式通过在教学过程中实施"教师教""学生学""学生实践"三部曲，实现"教学做"三位一体相结合，以任务为驱动、以情境为依托，实行在做中学，在学中做，达到教、学、做完美结合，优化了教学方法，提升学生的职业能力。

---

① 廖玲."教学做一体化"模式下的高职英语课堂管理研究——以广州 K 职业技术学院为例[D].青海师范大学，2018.
② 李媛媛. 高职院校三位一体化教学模式探索——以包头职业技术学院为例[D]. 中央民族大学，2013.

2. "教学做"一体化教学模式发展现状

（1）国外发展现状。

"教学做"一体化理论最早可追溯至 20 世纪初，它是由美国的教育学家和哲学家约翰·杜威（John Dewey，1859—1952）提出来的，他在著作《明日之学校》和《民主主义与教育》中提出，职业教育应当以学生为中心，实现"做中学""学中做""教学做合一"，基于"教学合一"的理论杜威创立了五步教学法，即"情境""问题""假设""推论""验证"，通过创设情境、探寻问题、假设引导、推理论断、验证结果，实现与学生的充分互动，积极调动学生学习的积极性、创新性。该模式改变了传统教学模式中以"老师讲授为主""理论与实践"两张皮的弊病，在具体实践中取得了良好的成效，也成为了当时职业教育理论的典范，为职业教育教学模式的改革提供了新思路、新方法①。

20 世纪 50 年代以后，国外发达国家针对传统教学模式存在的问题，纷纷开始进行改革和优化，并提出了符合自身发展特色的教学模式，这一时期国外教学模式开始实现从"单一性"向"多元化"逐步转变。其中最具代表性的有美国著名教育学家布卢姆（B.S.BLOOM，1913—1999）创立的 CBE（Competency Based Education）教学模式以及苏联教育家巴班斯基（1927—1987）提出的"最优化教学模式"。前者注重学生主观能动性的培养，同时考虑到个体差异，实施因材施教，为有差异的学生提供个性化的帮助，这样就能兼顾到多方，也更有利于学生个性化的发展。后者以实现学生全面发展为目标，在进行学生学情全面分析的基础上，实施最优的教学方法，通过科学合理安排教学过程，保障教学目标实现。

（2）国内发展现状。

国内的"教学做"一体化教学模式开始萌芽始于 20 世纪初，20 世纪以前，我国高等职业教育为了适应时代发展，培养适应经济发展的生产第一线岗位人员，20 世纪 70 年代高等职业教育初见雏形，通过试点城市先行试验的方式逐步创立高等职业技术大学。到 80 年代正式开始高等职业教育体系的初步探索和研究，同时随着《中共中央关于教育体制改革的决定》颁布，并将发展高等职业教育写

---

① 廖玲."教学做一体化"模式下的高职英语课堂管理研究——以广州 K 职业技术学院为例[D].青海师范大学，2018.

入《中华人民共和国职业教育法》，高等职业教育进入快速发展期[①]。

20世纪初，高等职业教育发展广度、深度逐步扩展，各高校开始探索在职业教育过程中引入骨干专业、精品课程、实训基地的建设，我国高等职业教育被拉入到全面提升期。传统的职业教育课程教学模式注重理论知识的教授，强调接受性学习，而忽视了实践，导致教学效率低，学生缺失创新精神、自主思考能力。20世纪20年代我国著名教育学家陶行知先生基于生活实践教育观，提出"教学做"一体化育人思想，他主张"教学做合一"，并对当时美国的杜威理论进行了优化和改进，提出了"生活即教育""社会即学校""教学做合一"三大思想理念[②]。

2005年宁波职业技术学院在自身的制造业专业，首当其冲推行"教学做"一体化模式，这种模式打破了学科体系和教学模式原有的传统，区别于普通高等本科院校教学模式，以学生能力本位为出发点，整合适应高职学生学习的教学资源，改变以知识为中心的传统教学模式，打破常规，编整为系统性和逻辑性的课程设置。教学模式上不再一味以课堂教学的"教"为主的学科化教学模式，专业教学与实训不能独立而应整合成教学的多个项目，促进理论知识与实践教学融合，让学生在学中做、做中学，在学做中掌握技能和吸收理论知识，学生带着学习兴趣边学边做的教学效果收获良好。职业教育教学做一体化的教学模式需要把学习与工作相互衔接，相互补充与渗透，从内容到实施方法都需系统化，把原有各自独立的专业知识模块与之相配套的技能转化为完整的系统中来[③]。

2005—2006年，随着教育部颁发《关于全面提高高等职业教育教学质量的若干意见》（教高〔2006〕16号文件），针对一些人才培养的困境，各大院校开始大刀阔斧的实行改革，通过创新课程结构、修订人才培养模式、创新人才培养方法，逐渐走上一条与自身发展相契合的教改之路，改革后的教学模式，通过在教学模式中融入教学实践活动，不断提高人才培养质量，同时积极探索职业教育的重点发展方向，逐渐迈上一条中国特色的职业教育发展之路。

---

① 冯静."教学做"一体化教学模式在高职导游专业课程中的应用研究——以J职业学院《模拟导游》为例[D]. 南昌大学，2017.
② 冯静."教学做"一体化教学模式在高职导游专业课程中的应用研究——以J职业学院《模拟导游》为例[D]. 南昌大学，2017.
③ 冯静."教学做"一体化教学模式在高职导游专业课程中的应用研究——以J职业学院《模拟导游》为例[D]. 南昌大学，2017.

近年来，职业教育教学模式改革一直如火如荼地进行着，随着我国新型工业化对技能人才的要求，国务院办公厅 2009—2012 年陆续印发《〈关于进一步加强高技能人才工作的意见〉的通知》《关于扩大技工院校一体化课程教学改革试点工作的通知》等，拟建立以职业活动为导向、以校企合作为基础、以综合职业能力培养为核心，理论教学与技能操作融会贯通的课程体系，提高技能人才培养质量，加快技能人才规模化培养，探索中国特色的技工教育改革与发展之路，加大技工院校教学改革力度。如今社会以进入信息化飞速发展的时代，软件技术、大数据技术、人工智能技术正逐渐改变人类生活的方方面面，为顺应时代发展，职业教育人才培养目标也由实用型技术人才向应用型技术人才转变，高等职业教育模式变成"教学做"一体化理论与实践结合的新型模式，弥补传统育人模式的弊病。

作为中国职业技术教育发展的新型产物，"教学做"一体化教学模式顺应社会发展，对于教学设施设备的改善，教师教学技能的提升，学生"学"与"做"的自主性，教学内容中理论实践的整合，都是一种探索创新的尝试，从而实现教师、教室、教材、教学手段、教学方法、教学过程的一体化[①]。

2.2.3 产学研创

产学研协同创新理念有着深厚的理论基础和坚实的发展历程，最早可追溯到 19 世纪，由于工业革命的发展，对具有专业知识及技术能力的劳动者有着迫切的需求，基于此大约 1906 年左右产学研合作教育开始萌芽，由于不同的时代背景、经济背景、文化背景、教育理念，各国针对产学研创均自成一派，下面从国内外两方面阐释产学研创的发展进程。

1. 国外高职教育产学研合作模式发展历程

（1）大学理念教育。

19 世纪英国维多利亚时代的著名神学家、教育家约翰•亨利•纽曼，对大学教育的本质进行潜心探究，并形成著作《大学的理念》。他在书中提出如下观念：首先大学的目标是理性的，是知识的传播与推广，不应屈就于任何事物；其次，教学和科研应当保持各自的界限，知识的创造与创新应该在研究所这样的地方完

---

① 冯静."教学做"一体化教学模式在高职导游专业课程中的应用研究——以 J 职业学院《模拟导游》为例[D]. 南昌大学，2017.

成；基于大学教育的受众是学生，所以教学的本职应更加注重知识的传授、学生的个体教育。《大学的理念》一书中提出的一系列关于大学教育的本质功能，奠定了现代大学教育的核心内容。

（2）英国"三明治"模式。

20世界初，英国提出以工学结合为典范的"三明治"模式，即通过2年学校理论知识学习、1年企业实践实习、1年学校理论知识巩固等三个阶段（"2-1-1"模式），形成"学习－实践－再学习"的产学结合模式，这也是"三明治"模式名字的由来。"三明治"模式发展至今已形成"三明治教育模式""教学公司模式""沃里克教育模式"三大类，该模式是现代学徒制实践的重要形式之一，也是国家主导的现代学徒模式[①]。随着"三明治"模式的推广应用，各地结合自身情况，在此基础上又进行了探究和改进，并形成诸如"1.5-1-1.5"模式，该模式是由英国格林尼治大学提出来的，即前1.5年在学校进行理论知识的学习，中间1年进行企业实习，后1.5年回到学校学习；还有些学校在"三明治"模式的基础上，将中间1年的企业实习经历按期进行划分，形成所谓的"2×6"模式[②]。"三明治"模式的提出，颠覆了传统的大学教育本质功能的观念，同时成就了校企合作的典范。

（3）美国"学工交替"模式。

1906年，由美国辛那提大学工程学院郝尔曼·施奈德教授主导的"学工交替"产学合作教育模式开始诞生，初衷是为了提升在校学生专业知识的同时，加强专业技能的学习，他将工程专业学生分派到工厂进行实践技能学习，由此以"产学研"为基础的育人模式"学工交替"产生。该模式取得了良好的成效，摆脱了以往大学教育"重理论、轻实践"的弊端[③]。其中欧美国家纷纷推广和效仿，并在此基础上不断地优化和完善，目前形成了全日制交替模式、半日制交替模式以及综合教育模式三种类型。该模式为培养创新技术技能人才提供了范式[④]。

---

① 王音音. 英国"三明治"人才培养模式对我国高职教育的启示[J]. 太原城市职业技术学院学报，2019（04）：104-105.

② 王娇璠. 高职教育产学研合作人才培养模式研究[D]，黑龙江科技学院，2011.

③ 邬大光：高等教育大众化理论的内涵与价值——与马丁特洛罗教授的对话[J]. 高等教育研究，2003（6）：6-9.

④ 李建庆. "2+1"培养模式给高职生就业带来的影响与对策——以山东商职学院为例[D]. 山东师范大学，2008.

（4）特曼"硅谷奇迹"。

20 世纪 50 年代，从斯坦福大学助力硅谷发展可以窥见"产学研"一体的重要内涵。当时由于第二次世界大战影响，美国的军事机构和学校有了紧密联系，美国政府机构主张让大学参与军事研究，同时拟建立科研式的大学，其中麻省理工大学、加州理工学院、哈佛大学、纽约市哥伦比亚大学、斯坦福大学等为了发展美国的军事，开启了助力硅谷崛起之路。斯坦福大学校长特曼一直将培养人才作为高校发展的宗旨，他说，"大学不仅仅是求知场所，它们要对国家工业的发展和布局、人口密度、地区声望和经济发展产生重大影响"，同时特曼还鼓励研究生毕业后直接创业，倡导教授参与企业事务，所有的这一切都是基于特曼的"学术尖端"构想，也使得特曼创立的"特曼式大学"成为军事工业和政府机构的合作伙伴。于是在 20 世纪 50 年代，特曼创造出产学研融合的"硅谷奇迹"[①]。

（5）日本"官产学研"模式。

20 世纪 60 年代，日本在进行产学研创方面也有自己非常成熟的思路和方法，日本最早进行产学研创新理念探索是在第二次世界大战以后，通过政府参与的形式，给予政策指引、法规支撑、资金支持，形成所谓的"官产学研"模式。到 80 年代，日本的"官产学研"模式取得了丰厚的成果，该模式实现了本国科研的提升，同时又培养了一大批科技能力较强的创新技能人才，切实发挥了"产学合作"带来的红利，不断推动科技创新发展。

（6）其他模式。

除了上述的典型模式之外，最具代表性的还有澳大利亚的 TAPE（Technical And Further Education）模式、加拿大的 CBE（Competency Based Education）模式、瑞士的"三元制"、英国的 CBET（Competency Based Education and Training）模式，还有美国的社区学院模式。这些模式都是在产学研合作的理念之上创立起来的，均产生于 20 世纪 70 年代左右，依照本国国情及背景，做了改进使其更加符合当下形势。共性是注重学生的理论知识的学习及技能的提升，确保学生职业能力的获取，并以获取职业资格作为考核标准。

---

① 袁志航. 基于专利数据的中国风电产业产学研创新网络研究[D]，化中科技大学，2019.

2. 国内高职教育产学研合作模式发展历程

纵观我国产学研合作模式的发展，可大致分为以下几个阶段：引进阶段（1980—1984 年）、探索阶段（1985—1991 年）、合作地位的确立（1992—1997年）可追溯至 1990 年，当时产学研合作在国内开始兴起，在对已有的模式进行深入探索的基础上，结合我国自身的条件、发展形势、经济基础等，积极创造出一条适合本国国情的产学研联合创新之路。2006 年，国务院发布《国家中长期科学和技术发展规划纲要（2006—2020 年）》（以下简称"纲要"），纲要指出企业自主创新能力不强，科技创新能力薄弱，激励优秀人才、鼓励创新创业的机制不完善，这些问题成为制约国家整体创新能力提升的关键，纲要进一步指出，要以建立企业为主体、产学研结合的技术创新体系为突破口，全面推进中国特色国家创新体系建设，大幅度提高国家自主创新能力①。

我国在高职教育发展过程中，形成了顺应教育规律、以产学结合为基础的"2+1"模式，即三年学习过程中，前 2 年在校进行专业知识的学习，后 1 年进入到企业真实环境中进行顶岗实习，该模式有效协调学生、学校、企业的关联性，使得理论学习和技能培养并举，最关键的是学生通过顶岗实践以后，企业对考核合格的学生进行直接录取②，提升学生学习的积极性、主动性。

20 世纪 90 年代，产学研合作在我国开始兴起，1992 年，"产学研联合开发工程"开始实施，其目的在于通过产学研联合，探索出一条适合中国国情的科技与经济深度融合的发展道路。此后，产学研合作在合作的深度和广度上得到拓展，信息社会的来临拓展了产学研合作信息网络，其竞争性也不断得到加强，并出现了"智力期货"的长期合作方式。2006 年《国家中长期科学和技术发展规划纲要（2006—2020 年）》的发布进一步明确了产学研合作的战略地位，将产学研结合视为建设中国特色国家创新体系的突破口。2019 年 1 月，第十二届中国产学研合作创新大会在北京举行，民营经济在产学研的协同创新发展中的作用成为关注重点。

---

① 国务院. 国家中长期科学和技术发展规划纲要（2006—2020 年）[EB/OL].
  http://www.gov.cn/gongbao/content/2006/content_240244.htm，2006-2-9.
② 王明伦. 高等职业教育发展论[M]. 北京：教育科学出版社，2005.

2.3.4 类上班制

1. "类上班制"概念提出的背景

（1）高职院校软件技术专业人才培养现状。

软件和信息技术服务业是引领科技创新、驱动经济社会转型发展的核心力量，是建设制造强国和网络强国的核心支撑，建设强大的软件和信息技术服务业，是我国构建全球竞争新优势、抢占新工业革命制高点的必然选择[①]。随着我国智能制造、互联网+和人工智能等新一代信息技术的快速发展，我国软件技术人才出现了相当大的缺口。高等职业院校作为培养生产一线高素质技术技能人才的主力军，近年来从规模和质量等方面加大了计算机类人才的培养力度，尤其是软件技术专业规模发展迅速，在很多学校软件技术专业已成为该校计算机类专业中人数排名第一的专业。招生规模的扩大从一定程度上缓解了社会对软件技术人才的需求，但由于学校教学环境与软件类企业工作环境差距较大，高职院校专业课程体系和培养方式缺乏个性化，校企协同合作缺乏长效机制、校企合作参与方效果评价方式单一等问题，导致软件技术技能人才结构失衡、人才培养目标与软件类企业人才需求不相适应、软件技术专业毕业学生和企业的需求存在较大差距。因此，充分整合社会资源，推动高等职业院校软件技术人才培养改革，提高软件技术人才培养质量，对加快我国建设成为制造强国和网络强国具有重要意义。近年来，在"产教融合、校企合作"等先进教育理念的指导下，通过国家双高、国家示范、国家骨干、省级双高、省级示范、省级骨干等专项建设，我国高等职业教育的质量得到了快速发展。但软件技术作为新一代信息技术产业的灵魂，软件技术专业具有实践性强、技术更新快、创新意识强的特点，相对其他产业具有一定的特殊性。另外，因我国高等教育从精英化向大众化发展，生源质量出现了下降，传统的培养方式已不适应社会的发展和企业的需要。通过调研、总结和分析，我国高职院校软件技术人才培养普遍存在以下问题：

1）办学主体知识前沿性不足，缺少技术创新。软件技术专业的传统校企合作

[①] 中华人民共和国工业和信息化部. 软件和信息技术服务业发展规划（2016—2020 年）[EB/OL]. https://www.miit.gov.cn/jgsj/ghs/wjfb/art/2020/art_594862c353374c8f863396242b2e7b56.html，2017-01-07.

注重当前市场需求而忽略了技术前瞻性。学校教师的技术水平不能与行业发展同步，教授的知识滞后，不具备前瞻性，学校引进的企业兼职教师往往注重学生实际开发能力的培养，不注重学生软件新理论的传授，导致学生接触前沿知识不足和缺乏创新性，以致自身水平和企业需求存在较大差距。

2）缺乏校企双赢的合作机制，企业参与积极性不高。在国家大力倡导深化校企合作、产教融合的基础上，我国高等职业教育在校企合作领域取得了较大进步，但也普遍存在合作深度不够和积极性不高等问题，究其原因是在校企合作过程中，企业的付出和得到不成正比。在以利润求生存的背景下，企业不愿意长时间做亏本生意，于是出现企业合作积极性不高和动力不足等现象，因此，校企合作需要一种满足各方利益，校企双赢的长效合作机制。

3）缺乏行业背景，学生竞争力不强。软件技术专业学生在校学习的主要是普适性的技术，如 Java 程序设计、Java Web 程序设计、C#程序设计等，实践训练也以普适性软件为主。与机械、电气类专业掌握软件开发技术的学生相比，由于其没有行业背景，专业优势和市场竞争力略显不足。

4）校内教育教学平台与职业环境不匹配。学校传统的教学环境主要为理论教室+机房，未充分考虑到软件技术学习的特殊性，不利于学生职业能力的培养。如经常出现很多学生开发环境都没搭建好，或者程序编写一半就下课了，导致学生的学习无法延续。当前学校缺乏满足软件技术职业环境需要的培养学生基础能力、软件开发能力和创新创业能力的一体化平台。

5）教学环节和课程体系不能满足新时期分层分类人才培养的需要。传统的课程体系大多按照"公共基础课""专业基础课""专业核心课"和"毕业设计"4阶段开设课程，缺乏对软件技术人才成长规律的充分考虑，不利于软件技术专业学生能力的培养。课程体系设置时采取统一课程、统一标准，未充分考虑到学生基础和兴趣的差异性，不利于新时期高职教育人才的分层分类培养和差异化发展。

（2）高职院校校企合作育人机制存在的问题及原因分析。

校企合作是职业院校与相关企业联合建立的一种人才培养体制，校企合作办学是实现职业教育软件技术人才培养目标的有效手段，同时校企合作可以为国家、地区的产业发展提供智力支撑和生产服务。2005 年国务院颁发的《国务院有关大力发展职业教育的决定》（国发〔2005〕35 号），强调坚持以就业为导向，深化职业教育教学改革，大力推行工学结合、校企合作的培养模式，这是国家层面首次提出职业教育要实行多元化办学，也是校企合作办学模式的雏形[①]。2006年教育部颁布了《教育部关于全面提高高等职业教育教学质量的若干意见》（教高〔2006〕16号），指出要改革教学方法和手段，融"教、学、做"为一体，强化学生能力培养，同时指出工学结合的重要性，要在职业教育人才培养模式改革过程中贯穿工学结合。2010年颁布的《国家中长期教育改革和发展规划纲要（2010—2020年）》提出，完善以企业为主体、院校为基础，学校教育与企业紧密联系、政府推动与社会支持相结合的高技能人才培养体系，改革职业教育办学模式，大力推行校企合作、工学结合和顶岗实习[②]。党的十九大报告中也提出要完善职业教育和培训体系，深化产教融合、校企合作，为深入贯彻落实党的十九大精神，《国务院办公厅关于深化产教融合的若干意见》《职业学校校企合作促进办法》等文件陆续出台，进一步强调了校企合作人才培养模式的重要性。在校企合作发展历程中，加强校企合作促进产教融合的历程大致分为三个阶段，即初步发展期（鸦片战争至新中国成立）、计划经济体制时期以及多元办学模式形成期，期间进行了大量有益的探索和改革，实现了多元化人才培养模式，诸如工学交替模式、顶岗实习模式、订单培养模式、现代学徒制等，在理论和实践方面都取得了丰硕的成果，但同时也存在如下一些问题：

1）教师结构不合理。其一，高职院校绝大部分专业课老师是没有企业经验的，校方教师"重理论、轻实践"照本宣科的教学方法显然已经不能满足当下育人要求，在实践教学部分很难融入与时代契合的前沿知识体系；其二，虽然高职院校"双师型"教师占比越来越高，但多数高校教师在顶岗实习的过程中没有按标准严格要求自己，很难通过企业顶岗实践真正达到提升自己的目的，导致教师水平与育人要求有差距；其三，缺乏一线企业行业专家的问题仍然很凸显，在校企合作过程中，真正能够担负起项目化实践教学的老师非常少，由于高校教师很难触及到企业核心技术，因此即使是"双师型"老师也很难给予学生贴合企业实际需

---

① 邢国利，张伦玠，卓良福. 大力推广校企合作过程中存在的问题及相应对策——以深圳宝安区技术学校数控专业为例[J]. 职业教育：中旬刊，2018，17（9）：10-13.
② 许跃，郭静. 我国职业教育集团化办学的回顾与思考[J]. 中国职业技术教育，2017（3）：92-96.

求的有效指导。

2）校方课程体系结构不合理。学生走入工作岗位以后很难快速适应企业工作，在校学习的知识与企业实际需求脱节，这些问题与学校的专业课程建设不规范、课程设置不合理有紧密联系。良好的专业建设和优化的课程配置有利于学生的未来职业发展，尤其校企合作的目的就是为产业升级发展提供高技能人才，这就要求专业设置要与企业需求对接，提供的课程建设方案应满足学生自身发展需求。

3）校企双方责任不明确。在校企合作过程中，就校方而言，校方未邀请企业参与教学计划实施及专业课程建设，且未考虑到学生迁移能力的培养，导致学生创新能力不高、实践能力差，学生适应企业环境的能力差、职业素养低、市场接纳程度差；就企业方而言，更注重自身利益的实现，轻培养重结果，导致其与高校合作的积极性不高，企业愿意参与培养模式的初衷是为了短时间内获得专业人才，缩短培养时间，降低培养成本，而企业短时期内投入较多的物资、人力，学校输送的人才与岗位需求不一致，最终使企业利益无法得到保障，部分企业没有正确树立责任观，认为学校培养的人才是廉价劳动力，不愿与校方共同合作管理学生日常生活与工作考核，害怕承担责任，最终导致校企合作效果不明显[①]。

4）行业协会参与度不高。行业协会在校企合作过程中充当着黏合剂的作用，近年来行业协会逐渐参与到校企合作中来，实现"校、企、行"合作办学培养人才，但是合作的内容深度还不够，受限于行业协会人员配备少、专业化水平低、缺乏利益机制、规章制度不健全等原因，行业协会参与的积极性较低，很难在校企合作过程中发挥至关重要的作用[②]。

通过上述问题归纳及原因分析，可以看出当前校企合作模式还存在很多弊病，诸如办学模式改革缺乏开拓性、创新性，对地方市场人才需求的适应能力不足，专业建设与产业对接不清晰，没有实时把控时代发展形势，未结合自身发展需要制定符合自身发展特色的模式，导致双方参与度不足，校企融合层次低。基于真实工作场景的"类上班制"软件人才培养模式就是在此背景下提出的，目的是让学生在校期间就能在真实工作环境中按照企业的作息时间和管理制度进行学习、工作，培养其敏于发现问题、善于分析问题、勇于解决问题的能力，使学生提前

① 刘阳．陕西省××高职学院校企合作问题研究[D]，西安电子科技大学，2020.
② 刘阳．陕西省××高职学院校企合作问题研究[D]，西安电子科技大学，2020.

体验真实工作环境，规范职业认知，解决高职院校软件类专业毕业生职业素养与社会要求有差距、职业技能与岗位工作任务不适应、创新能力培养与专业教育两张皮等问题。

2. "类上班制"软件人才培养模式的内涵

"类上班制"软件人才培养模式主要面向软件产业高端和高端软件产业培养高水平的软件类技术技能人才，通过搭建企业真实工作场景、创立学生个性化培养方案、开设项目式教学、组织真实项目研发，模拟企业上班作息、管理制度和KPI 考核方式等，培养职业素养高、岗位技能精、创新能力强的高水平技术技能人才。以职业素养为基准，以岗位能力为核心，形成以"学习环境"为基础、以"学习资源"为抓手、以"培养路径"为方法、以"项目考评"为保障的"4 Similar 上班制（简称'4S 上班制'）"育人模式。其中类上班制有几个非常重要的属性，具体如下：

（1）作息时间。

学生在校三年期间按照公司作息时间严格实行"朝 8:30，晚 5:00"作息时间，即学生每天早上 8:30 到工位，下午 5 点离开工位，每天上下课（班）实施指纹考勤。期间学生有课上课，无课在工位自我学习或者完成老师安排的项目，同时一年级学生晚上需上晚自习，其余时间由学生自由安排。"类上班制"通过"上学即上班"模式的训练，培养学生岗位文化、工匠精神、团队精神和软件技术岗位需要的潜在能力。

（2）办公环境。

按照企业标准建设了含电源、网络、电脑的工位式学习环境，集"教、学、做、创"一体化的教育教学平台。在校三年学习期间，每位同学都有自己独立且固定的工位，考虑到电脑升级换代快、学生学习的连续性和携带的方便性，采取学生自带笔记本电脑，在工位实行"边教边练""边学边做"，使学生提前体验上班环境，为学生适应企业环境做基础。除此之外，为达到"因材施教、共同成才"的目的，学院还创设校企研发中心、导师工作室、创新创业工作室和技能比赛工作室等平台，供不同方向学生自主选择。

（3）学习资源。

学校通过校企合作，在校内建立校企项目研发中心，使学校拥有源源不断的企业真实开发项目。在加强校企合作的同时，充分利用社会和企业资源，以高端 IT 企业为基准，拟建立可持续性模式，打造校企命运共同体，依托入驻企业提供真实项目，师生深度参与完整项目生命周期的开发，由企业工程师或者学校老师担任项目经理，相关学生担任程序设计人员，并根据软件开发数量和质量发放工资，同时将校企合作项目、自主开发项目、开源项目进行整理，使之更适合于教学，包含程序源代码、数据、完善的文档、参考方案等。此外，学院创设的教师工作室、创新创业中心依托合作企业，以项目为驱动，训练学生专业技能，同时学生可参加各级各类技能比赛提升自我能力，表现优异学生可通过比赛成绩实现学分替换。

（4）师资力量。

建立一支结构合理、基础扎实、创新能力与实践能力强的"双师型"教师队伍，是培养高水平技术技能人才的重要保障。教师资源由校内理论基础好、动手能力强的教师与入驻企业的项目经理、技术骨干组成混编"双师型"教师团队，形成"企业导师+学业导师+心理导师+科研导师+职业规划导师"多方协同的"团队教学"师资力量，教师能带领学生共同开发项目，全方位指导学生，实现类上班的目的。学校学生同时是企业员工，学校教师同时是企业工程师，企业工程师同时是学校教师，实现三个双身份，深度融合校企双方优势资源。"类上班制"培养模式整合和优化了校企双方的教学资源，培养了一支理论基础和教学经验丰富的专职教师队伍，而且还有一支来自企业软件开发第一线的工程师教师，该模式使学校教师和企业工程师都能更有效地帮助学生进行学习，增长了学生的见识，拓宽了学生的知识面。

（5）职业身份。

"类上班制"人才培养模式让学生以企业员工的身份参与到校企合作项目中来，校企人员均以项目经理或者工程师的身份进行统一管理，与学生一起进行软件项目的设计、开发与实施。学生在项目开发过程中既是"学校学生"也是"企业员工"。学生按照项目进展进行岗位互换，实行项目学分替换制，受益于实践项目对人才培养模式、教学方式和实践体系的积极作用，能够锻炼学生的职业岗位能力、创新能力和团队合作精神，使学生提前融入企业环境并得到全方位的岗位锻炼，培养出受企业青睐的高素质技术技能人才。

（6）薪酬待遇。

"类上班制"培养模式以任务驱动、项目引领，通过实际项目开发组织专业课程学习，通过实际项目创造价值，在培养过程中学生实施带薪学习、按任务分配、按价值奖励，提高学生的积极性和主动性。同时，部门小组负责人或项目负责人能锻炼成长为企业项目负责人，提高学生发展空间和个人潜力。

（7）职业素养。

"类上班制"人才培养模式以校企共建教学为基础，逐步深度合作实施教学组织和管理，协作培养具有较强职业能力和职业素养的高水平技术技能人才。同时在企业项目全过程培育中注重企业文化熏陶，将企业案例和企业文化贯穿在实践教学中，构建以"职业素养为基础的项目驱动式教学"思路，对各种技能素养和职业素养进行强化和实践，有效提高了学生的职业能力和综合职业素养，增强了职业意识，实现从学生到准职业人的转变，最终培养技能素养扎实、职业素养突出的创新性软件技术技能人才。

（8）考核评价。

"类上班制"人才培养模式通过校企合作建设人才培养质量考核评价体系，有效地保证校企双主体人才培养模式的顺利拓展。为充分发挥协办企业和学校的主观能动性，一方面，通过学生课程考核成绩、职业技能考证、职业技能竞赛、校企合作项目开发、技术服务、驻派工程师指导记录、企业评价信息等，评价学生的专业学习能力、专业技能和实践能力，我院创设的技能比赛工作室依托全国职业院校技能大赛平台，以企业为主导，共同制定训练方案和培训标准，学生利用参赛次数和成果获奖兑换学分并获得额外奖金，同时可参照员工绩效办法兑换学分，减轻相对应的专业课程；另一方面，通过毕业生就业状况统计、毕业生跟踪调查、用人单位调查等手段，观测就业率、对口就业率、薪酬水平、用人单位满意度等信息，评估学生的就业能力、职业素养，专业人才培养和产业、市场需求对接程度；最后，通过校友平台、网络信息检索、聘请第三方专业评价机构，观测毕业生三年内薪酬变化、工作单位变化、岗位变化等，评估学生的职业规划、持续发展能力。

2.3 模型构建

2.3.1 要素阐释

基于现代学徒制理论，教育链、人才链、产业链、创新链融合理论，在"校企研共同体""教学做一体化""产学研创"等模式基础上，类上班制以职业素养为基准，以岗位能力为核心，形成了以"学习环境"为基础、以"学习资源"为抓手、以"培养路径"为方法、以"项目考评"为保障的"4 Similar 上班制（简称'4S 上班制'）"育人模式。所谓"4S 上班制"就是软件类专业高职阶段培养周期内有 4 个要素与企业上班制类似，具体如下：

1. 学习环境与企业工作场景类似

首先，作息时间类似。学生在校三年期间按照企业作息，严格实行"朝 8:30、晚 5:00"作息时间，即学生每天早上 8:30 到工位，下午 5 点离开工位，每天上下课（班）实施指纹考勤。除一年级学生需上晚自习外，其余时间设置为上课与自由项目开发交替[①]。其次，教学环境类似。模拟企业标准建设了工位式学习环境，配备与企业环境一致的桌、椅、电源、网络等设施设备，在校三年学习期间，每位同学都配备独立且固定的工位，在工位实行"边教边练""边学边做"，使学生提前体验上班环境，为学生适应企业环境打下良好的基础。除此之外，为达到"因材施教、共同成才"的目的，学校还创设校企研发中心、导师工作室、创新创业工作室和技能比赛工作室等平台，供不同方向学生自主选择。

2. 学习资源与企业真实项目类似

学校通过校企合作，在校内建立校企项目研发中心，使学校拥有源源不断的企业真实开发项目。以中高端软件企业为基准，充分利用学校、社会和企业资源，建立可持续性模式，打造校企命运共同体；依托入驻企业提供真实项目，师生深度参与完整项目生命周期的开发，由企业工程师或者学校老师担任项目经理，相关学生担任程序设计人员，并根据软件开发数量和质量发放工资。此外，学院创

---

① 杨智勇，杨娟，刘宇. 高职院校软件技术人才培养校企研共同体的构建与实践[J]. 职教论坛，2018（04）：115-120.

设的教师工作室、创新创业中心依托合作企业，以项目为驱动，训练学生专业技能，同时学生可参加各级各类技能比赛提升自我能力，表现优异学生可通过比赛成绩实现学分替换。

3. 培养路径与职业发展过程类似

按照"培养路径与职业发展过程类似"理念，构建"学习型项目+模拟型项目+真实型项目"的渐进式培养路径。第一阶段为学习型项目，学生进入一体化教室学习个性化课程包；第二阶段为模拟型项目，基于企业已交付真实项目，模拟企业项目组架构，按软件生命周期完成项目开发；第三阶段为真实型项目，构建由"软件项目+科研项目+比赛项目"组成的真实型项目，学生自主选择进阶平台。通过三个阶段的学习，学生可以自主选择进阶平台。

4. 项目考评与企业绩效考评类似

按"项目考评与企业绩效考评类似"理念，一是构建"主体多方、内容多层、方法多样"的考核方法。以项目考评为基准，构建由学生、学校教师、企业导师共同组成的校企共评多方评价主体；学生开展自评和互评，学校教师考察项目完成过程中的出勤、课程基础知识与技能的掌握情况，企业导师通过实施软件行业 KPI 考核的绩效评价，考察项目完成质量，学校教师与企业导师同时对专业技能、创新精神、团队协作、沟通表达、自主学习能力等进行综合定量评价；依据项目完成情况，实施"两阶段"考评。第一阶段为项目中期，进行阶段性成果考核评价，校企双方在互利互信基础上完成中期考评，针对存在的问题提出改进措施，保证项目进展顺利；第二阶段在项目完成之后，双方就学生在项目过程中的表现给出综合评价，同时探究校企合作中的矛盾和诉求，为开展后续合作奠定基础。二是健全多元评价激励机制。以提升学生自主学习意识、增强创新能力、完善监督管理为目标，学校层面实施"课程免修、学分转换"考核机制，企业层面实施"带薪学习，价值奖励"激励措施，实现类企业评价激励机制。

2.3.2 结构分析

1. "4S 上班制"模式的结构关系

（1）引企驻校，校企双向延伸。

传统的校企协同育人模式缺乏长效机制，导致专业人才培养缺乏持续的企业真实项目。学校在与企业合作时，过于考虑自身利益，缺少对企业利益和发展考虑，同时软件类项目一般具有时间紧、任务重等特点，而学校师生产品交付能力较弱，导致软件类企业对校企合作持谨慎态度，专业人才培养缺乏持续的企业真实项目。而"类上班制"软件人才培养模式主要以项目为中心，基于此，学校在校企合作的基础上，引企驻校。对于企业而言，一方面学校为企业提供办公场地、水、电、办公桌椅等，降低企业财务成本；另一方面，学校为企业项目研发配备学生团队，根据大一至大三年级学生能力差异，形成梯队团队，映射到研发项目的各个阶段，解决企业人才需求，使得企业用人成本大大降低。对于学校而言，其一，学生除了正常上课之外，其余时间皆用于研发项目，围绕项目具体情况与组员、教师和企业工程师展开讨论，不同专业学生可以有针对性地接触到与自己专业背景相关的项目，同时在三年的学习生涯中可以接触到难度不断递增的真实项目实践，大大提升了学生的创新能力、实践能力，达到"以教促学、以学促研、以赛固学"的培养目的；其二，通过引企驻校的方式，解决了学生就业实习的问题，同时提升了学校学生的就业率，表现优异的学生可以直接留在企业，另外学生从事与本专业相关工作的人数占比逐年攀升；其三，同时在校内建立校企项目研发中心，使学校拥有源源不断的企业真实开发项目。目前，重庆工程职业技术学院已按照企业真实开发环境建设了研发中心，先后建成"重庆城银科技有限公司研发中心""南华中天软件研发中心""大家软件软件测试服务中心"等5个企业校内基地，学生全年参与企业真实项目研发，通过真实项目研发提升学生发现问题、分析问题、解决问题的能力。

（2）"校、企、研"三方共建。

作为职业院校，首先要树立创新人才培养理念，通过高校与企业、科研院所形成协同育人模式，创立高校办学特色，培养适应社会发展、专业知识丰富、创新意识强的高水平、高素质人才。学校、企业、科研院所三方应充分考虑不同主体自身情况，进行全方位、深层次合作。从参与各方而言，其一，高校作为教育主体，在三方共建的基础上主动性大大增强，积极探索人才培养模式改革与实践，涵盖课程内容、课程体系结构、教学方法与教学手段的改革。其二，企业作为职业教育参与主体之一，优势在于具有完善的商业运作模式，能够实现创新技术的转化和推广，企业应以实现三方共同利益为目标，协调好校企关系，强化自身的同时提高与职业院校合作的意识，通过与学校深入交流，共建项目、共建基地。其三，科研机构作为创新主阵地，优势在于科研理论的创新，自十三五规划以来，科研院所响应国家号召，根据国家政策扶持加大创新投入。校、企、研协同培养是新层次、大平面的全面合作，以专业发展为导向、高素质人才培养为目标，结合社会需求现状，三方共同构建人才培养目标及人才培养方案从而确保学生未来职业发展与企业需求相匹配。学院先后与华为、新大陆、锐捷网络、中兴通讯、联想、中国科学院重庆绿色智能技术研究院等知名企事业单位共建人工智能、物联网工程、计算机网络等培训基地、教育部－中兴通讯 ICT 行业创新基地、物联网科普基地、信息技术软件人才培养培训基地，与重庆城银科技股份有限公司合作共建产学合作中心，与重庆南华中天信息技术有限公司共建项目研发中心，真正意义上践行了校、企、研合作机制。

2. "4S 上班制" 模式的内在运行机理

在"产教融合、校企合作"等先进教育理念的指导下，"类上班制"人才培养模式以岗位能力为核心，遵循软件技术人才培养规律，注重文化传承和个性化发展，融"教、学、做"为一体，运用"现代学徒制"理论，制定高职软件技术人才培养方案及与之相适应的策略，促进校、企、研各主体达到多赢局面，实现了学生软件技术技能和职业素养共同促进，提升了学生的沟通表达能力、团队协作能力、自主创新能力，毕业生成为软件企业乐于接收的复合型人才，实现了学校教育与企业需求的无缝对接、学生毕业即就业的模式。具体运行机理如下：

（1）学习环境的搭建。

一是搭建课内学习环境，为了满足人才培养的个性化需求，按前端开发、后端开发、测试运维等方向搭建"教、学、做、思"一体化教室，除公共课以外的学习均在该教室完成，每个学生拥有独立的工位，实行由辅导员、工程师和二级学院领导组成的多班主任负责制。制定与软件类企业一致的作息时间，实现"上学即上班"。

二是搭建课外学习环境，联合企业成立校外实习实训基地、校内企业研发中心，以项目为驱动，发挥企业和学校双导师作用，指导学生按软件生命周期完成项目；联合科研院所成立导师工作室，共同申报纵横向课题，开展科技创新活动；联合入驻企业、科研院所共建创新创业与技能比赛工作室，以训练学生专业技能为导向,校企研共同制定训练方案。

(2)教学资源的构建。

一是形成"自研+第三方"的教学云平台,学校投入资金自主研发教学云平台,支持云班课、线上考勤、线上测试、学习圈和直播等功能,同时集成爱课程、智慧职教、重庆高校在线开放课程等第三方平台,丰富资源整合途径。

二是构建"全课程+全周期+分方向"的教学资源,拆分企业真实项目,按需求分析→系统设计→编码实现→软件测试→运行维护的全项目生命周期建设资源,使同一个项目贯穿所有专业课程,构建不同专业方向的个性化课程包,根据课程类型划分为前端开发、后端开发和测试运维等方向的课程包,形成国家级教学资源库、精品在线开放课程、一流课程、立体化教材等一系列成果。

(3)培养方法的创建。

第一阶段为学习型项目,学生可进入不同方向的一体化教室学习个性化课程包;第二阶段为模拟型项目,基于企业已交付的真实项目,模拟企业项目组架构,组建"项目经理+需求分析师+原型设计师+开发工程师+测试工程师"项目组,由企业和学校导师共同指导,按软件生命周期完成项目开发;第三阶段为真实型项目,基于搭建的课外学习环境,依托校、企、研三方,组建"企业导师+学业导师+心理导师+科研导师+职业规划导师"的师资队伍,形成由"软件项目+科研项目+比赛项目"组成的真实型项目,学生可根据自身志趣个性化选择。

(4)评价方法的构建。

一是构建"主体多方、内容多层、方法多样"的考核方法。构建由学生、学校教师、企业导师组成的评价主体,学生开展自评和互评,学校教师与企业导师共同实施软件行业KPI考核。构建由学习型项目、模拟型项目、真实型项目组成的多层评价内容,学习型项目侧重考查岗位技能,模拟型项目侧重考查团队协作,真实型项目侧重考查产出绩效。

二是健全多元评价激励机制。实行学分累积与转换制度,考核达到要求的,给予相关课程免修、赋予等价学分的激励,通过实际项目创造价值,在校内实施带薪工作、按任务分配、按价值奖励,提高学生的积极性。

第 3 章 "校企研" 共同体构建

近年来，在"产教融合、校企合作"等先进教育理念的指导下，经过长期探索与实践，我国高等职业教育人才培养取得了长足发展。软件产业是信息产业的核心和灵魂，是国民经济和社会信息化的基础性、战略性产业，是引领科技创新、驱动经济社会转型发展的核心力量。建设创新型国家、实现产业结构转型升级，亟需培养大批适应行业发展需要的高素质软件技术人才。但软件技术是全球技术创新的竞争高地，知识涵盖广泛，技术更新迅速，技能实践性强，人才素质要求高，相对其他产业具有一定的特殊性。高职软件技术人才培养模式普遍存在办学主体技术创新能力不强、知识前沿性不足，教学实施环境职业精神培育功能较弱、能力提升通道不完整，人才培养体系阶段目标不够明确、欠缺整体设计等问题，导致培养的人才与行业发展和企业人才需求脱节。

高职院校作为软件技能型人才培养的主体，如何破解以上难题，探索出一条培养适应产业发展需要的高素质软件技术人才的特色之路具有重要意义。

3.1 校企合作基础

3.1.1 校企阶段

2013 年重庆工程职业技术学院与重庆城银科技股份有限公司签订合作协议，在高职软件类专业技术技能人才培养模式方面开展深入合作，形成了"利益平衡、相与共进"的合作机制，以培养"职业素养高、岗位技能精、创新能力强"的卓越软件技术技能人才为目标，构建了高职软件类专业卓越技术技能人才培养新模式。

重庆城银科技股份有限公司是国家级高新技术企业，技术实力雄厚，在软件领域具有多项自主研发产品，曾获多项省部级奖励。为保障成果的有效完成与实施，重庆城银科技有限公司在以下方面给予了积极支持：

（1）作为国家高新技术企业，与学校共同出资共建工作室，促进学生工程实践能力提高和个性化培养。

（2）在学生实践教学和工程应用能力培养方面给予师资支持。

（3）将企业真实项目融入课堂教学和将产品纳入"工作室"共同研发，提高了师生的技术水平和社会服务能力。

（4）协助学校完成制度建设和教学资源开发。

校企双方推行多元化投入、人员互训互聘、基地共建共享、项目互利互惠的机制，学校为入驻企业提供完备办公条件，依托职教集团、大中型企业合作基础等资源，帮助企业高速成长，同时优秀学生可入职企业，形成良性循环。入驻企业提供真实项目，师生深度参与完整项目生命周期的开发。学校学生同时是企业员工，学校教师同时是企业工程师，企业工程师同时是学校外聘教师，实现三个双身份，深度融合校企双方优势资源。

3.1.2　校研阶段

2013 年重庆工程职业技术学院与中国科学院重庆绿色智能技术研究院签订合作协议，率先在计算机应用技术专业（软件开发方向）开展"数据服务与软件开发"实验班人才培养，试运行了校企研共同体人才培养模式，制定了实验班学生选拔与实施方案、卓越技术技能人才计划实施方案等一系列制度。

1. 实验班学生选拔与实施方案

以 2013 级实验班学生选拔与实施方案为例，具体情况如下所示。

（1）项目概况。

随着信息化在全球的快速推进，信息技术和软件已成为支撑当今经济活动和社会生活的基石。软件产业是国民经济和社会发展的基础性、战略性产业，同时也面临着一场新的重大变革，为此国家发布了《软件和信息技术服务业"十二五"发展规划》，促进我国软件和信息技术服务业进一步做大做强，要求调整和优化人才队伍结构，创新人才培养模式，拓宽人才引进渠道，营造有利于优秀人才脱颖而出的成长环境，着力培养一批高端领军人才，形成结构合理、满足产业发展需求的高素质人才队伍。到 2015 年，从业人员超过 600 万人。重庆市也出台了《重庆市电子信息产业三年振兴规划》（渝府发〔2012〕84 号）、《重庆市软件及信息服务外包产业发展规划》等政策，大力引进和培养软件人才，发展软件产业。根据规划，到 2015 年，我市软件和信息服务业总收入将达到 2000 亿元，年均增速超过 40%。软件产业的高速发展，对人才的需求更加迫切。据统计，2012 年我市软件从业人员达到 10 万人，而到 2015 年，从业人员将达到 20～30 万人，重庆工程职业技术学院计算机类软件开发方向学生面临着很好的就业机会，同时企业对人才也提出了新的要求，作为人才培养方的我们面临着巨大挑战。

重庆工程职业技术学院计算机应用技术软件开发方向在校生 150 余人，近几年软件开发方向不断深化改革人才培养模式和课程体系，逐步形成了"讨论式""专业认证式"学习方法和"评估式"考核办法等，取得了很好成效，学生的职业素质和专业技能明显增强，毕业生受到重庆市内外用人单位的一致好评。在该专业改革建设中，我们发现以课程为单位的教学方式仍然较严重地制约了软件技术人才的培养，主要表现为：

1）以课程为单位构建的人才培养体系对本专业要求学生学习和掌握的知识和技能最终体现为对课程的学习和掌握。

2）每门课程之间界限比较明确，教师在执教过程中往往比较强调本课程的重要性，比较注重本课程的系统性和完整性，对本专业相关课程联系不够，这就是很多课程听了很多、学了一些、用到很少的主要原因。

3）一学期往往多门课程同时开课，一门课程每周 4～6 学时，完全失去了学习的连贯性，尤其是软件技术中高级阶段，往往一个小的实训项目就要几小时甚至是以天为单位，目前流动式教学场地不能满足这样的要求。

4）课程教学内容对所选教材依赖性较强。信息技术日新月异，教材的更新跟不上技术的发展。教材体现了编者的意图，但很难适合本专业的需求，多数专业教材浅显易懂，但没有涉及核心的、专业的技术，缺乏实用性，不能适应蓬勃发展的软件技术教学需求。

5）课程教学比较注重个体学习，考核方式仍以考试为主，最终为学生学习能力的体现，甚至是学生记忆能力的体现，不适应软件专业要求团队协作，以职业能力为本位的教学需求。

6）大部分专业课程都有课程实训、项目实训，但课程实训之间、项目实训之间较为独立，增加了教师开发项目的难度，同时也加大了学习成本。

　　总之，以课程为单位构建的人才培养体系，不能有效的培养企业真正需要的计算机高级程序员。为探索实践高职教育大众化背景下的软件精英教育人才培养模式，培养具有创新精神的高素质拔尖人才，提升我院计算机类专业特色发展，提高社会影响力和知名度，为此，我们从 2013 级开始，在全校新生中选拔优秀学生组建重庆工程职业技术学院软件开发创新实验班（计算机应用技术专业），培养软件蓝领人才（高级程序设计与开发人员）。打破传统的教学模式，对软件开发方向学生建立单独实验班进行特别培养，推行导师制模式，导师和学生共同注册企业进行项目研发（扩展），因材施教，鼓励拔尖，按照软件公司运作方式，从大一下开始采用项目化（工程化）的培养模式，以项目任务驱动为特征的教学模式，以能力素质为取向的实践模式，以人格修养为核心的育人模式，为经济和社会发展提供基础厚、能力强、素质高的高级软件开发创新型人才。

　　（2）软件开发相关能力。

　　软件开发相关能力具体见表 3.1。

表 3.1　软件开发相关能力

能力类别		能力要素
基本能力	专业英语阅读	认识计算机专业术语、翻译、写作等
	软件应用能力	具备熟练地安装、维护各种操作系统（Windows、Linux）各种应用软件；具备熟练地安装、配置、维护各种网络服务；具备熟练地安装、使用各种工具软件；根据需要搭建开发和运行环境
	软件编程能力	具备掌握程序编程的基本步骤、基本方法以及常见的基础算法，开发基本的逻辑思维能力，培养分析问题、解决问题的能力
	数据库开发应用能力	数据库的安装与配置；数据库的创建、管理、维护；熟练运用 SQL 语句实现对数据库的访问；熟练使用视图与存储过程，理解触发器的作用并能编写简单触发器
综合能力	软件开发能力	熟练编写桌面与 Web 程序开发；熟悉常用组件的使用，能进行企业级项目设计与开发；能进行多媒体、网络与多线程和数据库编程；熟悉网站建设的过程，能够进行网页的设计、开发与布署；熟练编写基于 Android 平台的移动终端应用程序可开发
	软件文档编写与阅读	了解软件开发文档的种类与作用，能够阅读常见软件开发文档。掌握软件文档编写的主要内容与格式，能够进行简单文档编写
	软件建模能力	具备初步面向对象程序设计软件的分析与规划能力；熟悉 UML 语言；熟练掌握 Rose 工具、PowerDesigner 工具、Visio 工具、原型设计工具

（3）项目创新点。

本项目主要变革之处及创新点如图 3.1 所示。

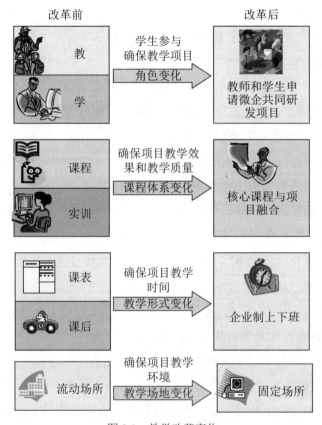

图 3.1　教学改革变化

1. 角色变化

由传统的教师和学生的角色转变为"项目共同成员"中的项目经理和不同软件工程师。在第一届实验班中，由教师主导申请微企，带领学生进行项目研发，确保教学项目的真实性、市场化和可持续发展，让学生能够真实地感受到企业的运作、市场的需求、项目执行及从事该领域的工作所需要的能力。

2. 课程体系变化

由传统的课程和周实训、集中实训相结合的形式转变为"核心课程与项目相融合的课程体系"，从原有的课程体系中整合核心课程，增加项目教学内容，实行边教学边项目的方式，确保学生完成的项目的数量和质量。

3. 教学形式变化

由传统的课表和课后形式转变为软件开发行业工作制,保证项目的时间。

4. 教学场地地变化

由传统的教室制改为固定工作室或理实一体或实训室。

（4）选拔要求。

在 2013 级学生中选拔 30～40 人组建重庆工程职业技术学院软件开发创新实验班。要求身心健康,积极进取,具有团队意识,对计算机软件设计与开发感兴趣,并符合下列条件之一者可以报名:

1）高考成绩超过当地三本线以上者。

2）高考英语或数学成绩超过 90 分者。

3）高考英语和数学成绩均超过 70 分者。

4）曾在软件开发方面有独立完成的作品者。

5）重庆市软件技能大赛二等奖及以上或国家软件技能大赛三等奖及以上者。

（5）选拔程序。

1）工作计划及宣传:信息工程学院制定详细的实验班工作计划,并在国庆节后开展讲座,宣讲软件开发创新实验班的相关信息。

2）报名:新生入学的 11 月份左右,学生根据重庆工程职业技术学院软件开发创新实验班宣传资料及报名时间,自愿报名,本人申请。

3）初审:根据报名条件初步审查,并汇总符合条件的学生信息。

4）笔试:笔试选拔出 60 人。

5）面试:组织专家进行面试,选出 50 人。

6）任务考核:进入考核的 50 人,由信息工程学院统一安排任务,3 周后选出最终 30～40 人。

7）在 2013 年 11 月下旬确定实验班名单并进行公示。

8）30～40 人从大一下期正式进入实验班。

（6）组织与保障。

1）实验班领导小组。重庆工程职业技术学院成立软件开发实验班领导小组,制定实验班的相关政策和管理办法,具体细则待定。

2）教学场所。学校提供单独的软件开发实训室（学生自带电脑）,按照导师制（研究生培养模式）开展软件人才培养。实训室即学生软件开发场所，实现理实一体或工作室，一人一工位，除涉及学校公共课外，其他学习环节均在实训室完成。

3）教师配备。实验班实行导师制，配班主任 1 名，每 6 名左右的学生配备 1 名具有项目经验丰富的教师担任导师，学生随指导教师参加软件开发项目及有关科研活动，每个指导教师至少带领学生完成 3 个创新软件项目。选派优秀的教师担任课程及项目教学。同时在软件企业聘请 5～6 名既有较强理论水平又有丰富实践经验的软件开发工程师或项目经理担任兼职教师进行实践和顶岗实习、学生毕业设计指导等教学。聘请软件企业资深开发工程师定期到学校进行知识和技能交流。聘请中国科学院重庆绿色智能技术研究院高性能计算中心领导担任顾问。

（7）实施措施。

1）学习期限及作息时间。学习期限为 2014 年 2 月至 2016 年 6 月，达到重庆工程职业技术学院软件开发实验班人才培养方案所规定要求即可毕业。学生作息时间与学校作息时间同步，除公共课外，其他作息时间均在实训室完成。

2）实验班培养框架，如图 3.2 所示。

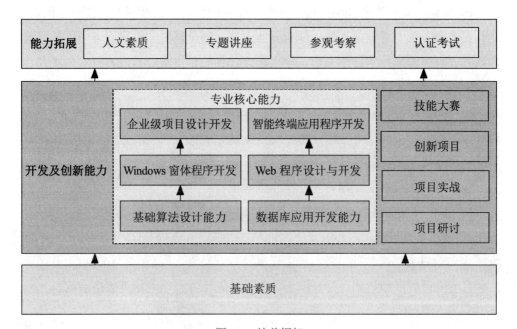

图 3.2　培养框架

2. 卓越技术技能人才计划实施方案

以 2020 级卓越技术技能人才计划为例，具体情况如下所示。

（1）培养目标与内容。

基本目标：培养拥护党的基本路线，理想信念坚定，适应社会主义市场经济需要，德、智、体、美、劳全面发展；有良好的职业道德，精益求精的工匠精神，爱岗敬业、诚实守信，能够遵循各种规范要求；掌握软件技术专业的基本知识和软件测试、Java 开发、Android 开发、网页设计开发等技术技能，面向互联网软件服务行业的计算机软件工程技术人员、计算机程序设计员和软件工程技术人员等职业群，能够从事软件测试、软件开发、软件销售、软件运维服务等工作；学生除了学习科学文化知识之外，同时还要接受企业文化熏陶，锻炼学生良好的人文素养、创新意识，具备较强的就业能力和可持续发展的能力；能够在跨领域的团队协作中，发挥有效的组织、沟通和协调作用；立足重庆，服务西南，辐射全国，适应全球化企业需求，能够为互联网 IT 服务行业的发展做出贡献的高素质复合型技术技能人才。

软件专业卓越班为校企深度合作办学班级，卓越班培养目标为：

1）面向产业高端和高端产业，培养岗位技能精、职业素养高、创新意识强，能够在各级各类专业技能竞赛、创新创业大赛、科学研究和技术服务中取得突出成绩的创新型卓越技术技能人才，使入选该计划的学生毕业后成为行业精英和企业技术骨干。

2）面向应用技术型本科院校，培养理论基础好、综合素质高、动手能力强，能够持续提升学历和能力的综合型卓越技术技能人才，使入选该计划的学生毕业后能够进入更高层次院校继续深造。

（2）"软件技术"卓越班人才培养模式说明。

1）卓越班设置独立的人才培养方案，单独编班组织教学，学制 3 年。

2）本次卓越班学生名单确定下来之后，不再进行选拔考试，后期再加入卓越班需 3 名及以上任课教师推荐，班主任以及专业负责人同意；专业课程无补考、挂科且专业课程成绩达到良好及以上。获得技能比赛奖项同学可破格录取。

3）教学管理。

①"卓越班"由依托学院负责班级教学管理及日常的学生管理工作。

② 成立"卓越班"评议委员会,负责培养方案的制定与实施,活动的组织、师资的聘任以及学生选拔工作。

③"卓越班"实行开放办学,建立动态退出机制。"卓越班"学生有以下情形之一者,需退出卓越班:

- 已修成绩不合格者;
- 受学校警告及以上处分;
- 因个人原因主动申请退出的;
- 不遵守卓越班教学管理制度的;
- 其他不适合在"卓越班"学习的情形。

4)优惠政策。

①学生优先参加各类培训、技能比赛、课外学术科研活动和交流访问活动。

②优先推荐工作。

(3)分阶段培养计划。

分阶段培养计划见表 3.2。

表 3.2　分阶段培养计划

起止时间	主要教学内容	目的与要求（提供样例）
第一阶段 专业基础	Office 高级应用	Office 办公软件使用,实习报告、答辩 PPT 撰写
	Java 基础编程	程序入门,为后续 Java Web 开发课程做支撑
第二阶段 专业基础	图形图像处理	培养学生图片处理布局能力,为后续项目界面制作支撑,如网页原型设计
	前端布局技术	掌握网页前端基础知识,支持后续网页项目开发课程
	Java 程序设计	面向对象程序设计,为 Java 项目开发支撑
	数据库技术	数据的存储与保存,培养数据增删查改的思维模式。支撑软件项目开发数据处理模块
第三阶段 基础进阶	计算机组装与服务器配置	掌握计算机服务器配置等内容
	Java Web 应用开发	掌握 JSP、Servlet、Tomcat 等技术,实现服务器后端程序
	前端 Java Script 设计	掌握 Java Script、jQuery 网页交互设计基础知识,支撑后续网页项目开发课程

续表

起止时间	主要教学内容	目的与要求（提供样例）
	Android 基础编程	掌握 Android 四大组件、网络编程等内容，为后续 Android 项目开发课程做支撑
第四阶段 模块化项目	Java EE 企业级应用开发	完成 Java EE 软件项目制作如超市管理系统
	软件测试	软件项目制作质量保证，软件测试模块
	软件工程	软件项目制作前期准备工作，需求分析设计模块
	Web 前端框架设计	应用 Java Web 开发 B/S 应用系统的技术
第五阶段 综合项目实战	Web 项目实战	使用真实企业案例项目分模块完整实战演练
	Python 基础开发	学习 Python 语言基础，包括语法、三种结构等
	Android 应用开发	学习 Android 常用框架，包括网络框架、数据库框架等
	职业素养	培养学生职业道德、职业操守、职场礼仪等内容
	综合实习	企业实习跟岗锻炼
第六阶段 企业锻炼	岗位实习	企业实习跟岗锻炼
	毕业设计	项目总结

预期成果 及指标	预期成果	成果等级	数量指标
	1. 取得职业资格证书或职业技能证书	初级	100%
		中级	25%
		高级	10%
	2. 创新创业大赛	市级	二等奖
	3. 专业技能竞赛成果	国家级	二等奖
	4. 软件著作权	—	10 个
	5. 实用新型专利	—	10 个
	6. 参与科研、技服（改）、创新项目	校级	3 个
	7. 对外技术服务	—	30 万
	8. 获得个人、集体荣誉	院级	10 个
		校级	3 个
	9. 对口岗位实习		100%
	10. 参加企业技术技能培训	—	100%

3.1.3 校企研阶段

2014 年学校与重庆城银科技股份有限公司、重庆南华中天信息技术有限公司签订合作培养软件技术高层次技术技能人才协议,将合作培养方增加为校企研三方,开展基于工作室的师徒制人才培养,制定了软件技术研发工作室建设方案。

1. 建设背景

学校从服务国家及重庆重大战略中努力谋划推动自身发展,结合双高建设,牢牢把握这一战略机遇期,努力在推动成渝地区双城经济圈建设等国家及重庆重大战略实践中勇于担当、积极作为。我院大数据与物联网学院高度重视并率先提出,将服务成渝地区双城经济圈新型基础设施建设作为学院今后发展的主要工作任务。

根据重庆市教委和重庆市经济信息委发布的《关于公布市级特色化示范性软件学院立项建设名单的通知》,确定我院为重庆市特色化示范性软件学院建设高校之一,大数据与物联网学院作为二级支撑学院。文件要求建设高校要聚焦五大重点领域,深化产教融合,创新培养模式,完善保障体系,培养满足产业发展需求的特色化软件人才,为全市软件产业实现高质量跨越式发展提供人才支撑。

新形势新格局下,科技为产业赋能,蓬勃发展的软件技术服务必然引起技术革新与人才流动,云计算、大数据、物联网等新一代信息技术逐渐步入建设高峰期,对人才的需求更加迫切。工信部指出,我国部分新工科的人才缺口高达 750 万人,人才市场供不应求,真正满足企业软件需求的人才却极为短缺,根本原因是学生动手和创新能力的缺乏。软件与信息技术服务业作为轻资产、高人力资本投入的行业,具有技术更新快、应用领域广、产品附加值高、资源消耗低和人力资源利用充分等特点,更注重产品创新和技术创新,因此高质量的人力资本对软件与信息技术服务业尤为重要。

对于软件专业学生,拓宽产业认知、强化知识技能、提升项目实践能力是一项重要任务,为此,建立有利于软件专业学生能力提高的新一代信息技术技能教培与创新创业研发工作室,体系化、规范化、规模化、流程化,以目标为导向开展专业人才培养与技术支持,实现对内赋能,对外服务。期望借此之机将此构筑成学院的软件技能人才基地与技术赋能平台,涵盖日常教学、知识沉淀、项目实践、技能总结与经验传承等,为各项技能竞赛、创新创业与技术服务等储备人才。

该工作室的建立可以弥补现行人才培养模式的不足，帮助培养更具有创新意识的学生，有效提升学生的技术能力，更加符合企业技术岗招聘需求，减轻软件专业学生就业压力。

2. 目标定位

以服务成渝地区双城经济圈新型基础设施建设为初心，建设重庆市特色化示范性软件学院样板为契机，依托于学校雄厚的师资力量和软硬件资源，以打造校企创新性技能型人才孵化重点工作室为目标。

在大数据、物联网、人工智能等新一代信息技术的大产业环境下，服务于新基建、数字经济、智能制造、工业互联网等重点工程战略，促进产教融合落地深耕，围绕 Web 前后端、软件测试、美工与产品设计、数据采集与标注、大数据分析（商业数据分析）、人工智能（机器学习）等进行项目集中训练，旨在帮助学校培养高水平技术技能人才，修筑各项技能大赛的人才资源池，沉积各种资源与经验，孵化省市级科研成果，并提供技术咨询服务。

3. 工作内容

工作室由资历丰富的教师领衔牵头，组织品学兼优的学生构建项目团队，以技能大赛要求为基本线，指导学生参与各类专业技能竞赛、各项省市大学生科技创新项目及科研课题项目；同时以企业岗位需求技能为目标点，综合项目实践为主要任务，承接校内软件技术支持，并提供对外技术服务。

（1）学习实践。为软件技术相关专业提供更详尽的课程资源和更真实的实操环境，引入企业资源，进行专业技能强化和真实项目实践，让学生所学技能与企业需求无缝衔接。同时，进行人才储备，寻找优秀学生，挖掘内在潜能，备战各类技能竞赛。

（2）科研课题。进行校企深度合作，促进产教项目落地，引进企业一线讲师或项目资源，带领学生参与真实的科研或产业项目，孵化科研课题，打造标志性成果。

（3）以赛促学。通过以赛促学，增长学生专业技能，形成学院专业人才高地，以竞赛获奖为目标，组织校内专业竞赛，参加省市级组织的各项技能竞赛，提升学院的影响力。

（4）共享平台。形成学生的第二课堂，为学生提供业余自主学习、技术交流的环境，构筑统一的学生端学习云平台，建立各种技能知识库，储备企业真实典型案例项目，实现资源的传承与经验的积累。

4. 建设步骤

第一阶段，经学校批准授牌，将工作室建设为专业学习交流平台，技能共享基地，竞赛备战基地，成果孵化基地。

第二阶段，梳理功能流程，完善内在模块，打造典型案例项目，指导学生学习实践，形成自主学习平台。

第三阶段，工作室自我运行机制形成，产生一定的效果。

第四阶段，导入产业与科研项目，校企双师牵引，促进产教项目落地深耕，校企深度合作，规范运作。

5. 建设模式

（1）工作室建立模式。以重庆市特色化示范性软件学院建设为契机，寻找合适的技术型企业，与其建立合作机制，校企共建工作室。学校提供场地与基本设施设备，邀请企业一线的技术人员帮助授课和技巧演示，引进企业的技术与真实项目，植入产业应用场景，引进企业内部管理运作机制，带领学生按照企业的规章制度与流程进行管理与项目开发。通过深度产教融合协作，建设满足培养新一代信息产业高技能人才需要的技能基地。

（2）工作室人才模式。

1）建立专兼职结合的工作室导师团队。工作室导师由具有产业认知、创新创业意识与技能实践经历资深的教师，以及合作企业的专家、技术能手担任。预计指导教师在3～5人，权责清晰，校企双师牵引，学生自驱研学。鼓励专职教师对外承接工程项目，成为行家能手，带领工作室学生一起研发；并将企业项目案例打造为典型教学案例，纳入课程资源库。

2）选拔品学兼优的工作室成员。计划构建20人左右的流动学生团队，10人左右的稳定学生团队。遴选大一到大三的优秀学生，以大一大二为主。在选拔优秀学生进入工作室的时候，首先应考查学生的思想道德水平，为培养有情怀有担当有创新创业意识的人才奠定基础。其次工作室的成员要以兴趣为基础，尤其是对项目开发具有浓厚兴趣。再者考察成员的责任心与交付力，能按节点按质按量产出成果。

（3）工作室制度模式。加强"工作室制"运行与管理，形成工作室运作与管理的长效机制。

1）建立公平合理的选拔制度。软件相关专业学生均有选择进入工作室学习的机会，但必须达到各工作室的考评要求，进入工作室学习的学生应完成工作室布置的任务，对表现不合格的学生将移出工作室。

2）实行公司化的管理机制。在工作室项目管理上按照 IT 企业的营运管理、开发流程、项目管理规程进行实施。承接与外界合作的真实项目，以项目运作来带动虚拟公司的运营，以项目经理负责制来带动虚拟公司的管理。

3）实行以大带小、以强带弱、项目驱动、自主管理的运行机制。工作室的主体是学生，因此，在组建工作室团队时，要注意搭配高低年级的学生，选拔能力较强的高年级学生作为工作室的负责人，实现"以大带小""以强带弱"的自主管理模式，同时也是一个加强指导力量的有效途径。

4）激励机制。在激励制度上，根据学生参赛获奖等级、科研成果产出价值、项目贡献大小，累加一定的德育分，为各种评奖评优提供参考。对于承接项目，为工作室实现经济效益的学生进行物质奖励，有劳即得，多劳多得。

5）运行方式（xh+2d+3m）。吸纳入工作室的学生严格考勤，要求每天必须有 x（x>=1）小时（xh）、每周末两天（2d）、寒暑假三个月（3m）在校定岗定点学习，工作室定期邀请合作企业讲师进行项目实战演示与讲解，带领学生一起深入产业场景，动手参与项目实践。充分挖掘学生潜能，有效提升学生技能，将依靠于自研的软件小程序进行大数据采集并分析每一位学生的学习效果，进行数字化考评，并为每一位学生进行学习数字画像，精准描述学习过程与效果，可作为当前的期末考评参考及就业推荐参考。

6. 主要特色

工作室从学校的高层发展战略布局着眼，以人才培养与创新创业孵化为初心，以为专业人才赋能为使命，依托于学校已有的条件设施，整合校内外优秀资源，融合产业真实需求，集基础知识、实践技能、项目实训、竞赛与考级、商业解决方案实践、典型成功案例、标志性成果展示等于一体，建设为规范化、专业化、平台化、智慧化的学习基地，利于人才培养、知识沉淀、资源传承、成果展示等。

7. 可行成果

（1）实现校内需求。对于校内开发需求，可以帮助快速实现。

（2）孵化科研课题。组织工作室的学生参加教师的科研课题，做教师的科研助手。有创新创业意识的同学还可以集思广益，进行创新创业项目申报，产出各种专利、计算机软件著作权等成果。力争每年产出计算机软件著作权 5 项，专利 3 项。

（3）筹备技能竞赛。工作室作为各项技能竞赛人才储备资源池，集中进行竞赛训练，挖掘潜力，培养创新实践能力，可有效培养和提升学生技能水平，为技能比赛做好铺垫与准备。力争产出竞赛奖项不少于两项。

（4）对外技术服务。工作室作为集中的人才培养和技能服务点，可对外承接技术服务，提供技术转让，制订各类型商务解决方案。力争每年对外技术服务 1 项，金额不低于 10 万元。

综上，帮助学生实现素养认知提升、基础知识夯实、中高进阶强化、典型案例支撑、项目技能引导、敏捷开发实战、创新创业孵化、科技成果转化、产业场景植入、对外服务拓展、校企角色转换、团队任务协同、数字人才考评、考级题库演练、求职面试模拟，促进高新人才培养。

8. 物资条件

（1）场地条件。

$80m^2 \sim 100m^2$ 办公室，配置办公桌椅。

（2）配置环境。

网络环境：互联网。

硬件环境：服务器 1 台，交换机 1 台，无线路由 1 台，台式电脑 10 台。

软件环境：自定义。

9. 预算经费

工作室的运营主要支出为校内教师指导费，按实训课时计算，周学时 10 学时，一学期 $20 \times 10=200$ 学时，一年 400 学时，预算在 20000 元以内。

每周末有一天由企业导师进行项目实战指导，1500 元/天/人，一学期按 20 周次算，两学期共计 40 天；暑假放假后由企业导师集训 20 天，寒假放假后集训 10 天，共计 30 天。企业导师指导时间总计 70 天。合计费用 $2 \times 70 \times 1500=210000$ 元/年。

工作室日常耗材（插线板打印机、墨盒等），预算 2000 元/年。

综上，合计总费用在 232000 元/年。

重庆工程职业技术学院与重庆城银科技股份有限公司、中国科学院重庆绿色智能技术研究院三方通过深度合作，共同探索出以项目合作为纽带的"优势互补、资源共享、利益平衡"的办学机制，以培养"技术能力强、项目能力强、创新意识强"的高素质软件技术人才为目标，共同构建了校企融合、校研融合和企研融合的"三融合"协同育人机制。以"三融合"为基础，汇集三方优质项目资源，配置经验丰富的多元化师资队伍、项目研发队伍、导师制队伍，打造以职业能力培养为主线、以真实工程项目为纽带的"教育教学、工程应用、创新创业"三平台，实现了学生角色多维度转变，营造了全方位职业素养提升环境。以"三平台"为依托，校、企、研三方以岗位能力为核心，遵循软件技术人才培养规律，注重文化传承和个性化发展，设计了基础技术、工程应用、创新创业"三阶段"教学环节和课程体系，实现了学生进阶式培养。如图 3.3 所示。

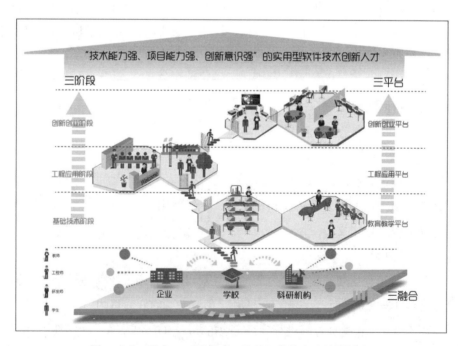

图 3.3 "三融合、三平台、三阶段"软件人才培养模式

自 2012 年成果实施以来，学生职业技能提升，就业质量提高，创新能力增强，专业发展取得丰硕成果，引领、示范作用强。

学生参加各类职业技能大赛获奖 100 余项,其中市赛一等奖 20 项,国赛二等奖 5 项、三等奖 15 项;毕业半年月薪达 4500 元的占 85%,进入大型企业和世界 500 强企业学生比例明显提高。建立的"智云众创空间"被重庆市教委授予重庆市高校众创空间称号,被重庆市科委授予重庆众创空间称号。

基于该模式对培养高层次技术技能人才培养的效果,2015 年成立软件开发与项目管理专业,2016 年更名为软件技术专业,并在同年试点校企研共同体人才培养模式,2019 年开始在校内其他软件类专业推广应用,包括大数据技术与应用、云计算技术与应用、计算机网络技术、计算机应用技术和移动通信技术 5 个专业。学校办学质量得到知名企业和科研机构广泛认可,被重庆市经信委授予重庆市信息技术软件人才培养实训基地。成果被市内 15 所、市外 30 多所高职院校的软件类专业借鉴、推广和应用。

3.2　构建"三融合"合作育人机制

深入研究高职"产教融合,校企合作"理论和软件技术人才培养规律,针对软件技术知识涵盖广泛、技术更新迅速,传统校企合作双主体技术前瞻性不足、缺乏创新能力的问题,引入创新能力强,并且代表新技术发展方向的知名科研机构,形成了"优势互补、资源共享、利益平衡"的校、企、研三方合作育人新机制,实现合作育人、合作就业、合作发展,构建人才共管、过程共管、成果共享、三方共赢的育人模式。

三方共同组建软件人才培养理事会,制定校、企、研合作总章程,确定了软件技术人才培养规格,组建师资队伍,形成了配套的运行机制、质量评估、管理与保障等制度和规范。理事会对软件人才培养的全过程实施定位、跟踪、评价、服务,从宏观上支持和保障了软件人才培养的目标和质量。

通过该机制,学校、企业、科研机构三方都能得到相应的利益点:学校获得了优质的社会资源,并有效提高了软件技术人才培养质量;企业的科研力量得到补充,并有效降低了员工培训成本;科研机构的最新技术得到应用,并有效控制了研发和推广费用。本合作机制增强了三方合作深度,明确了三方利益点和平衡点,提高了三方合作的积极性,有效破解人才培养主体知识技术不先进、缺乏创新能力的问题，如图 3.4 所示。

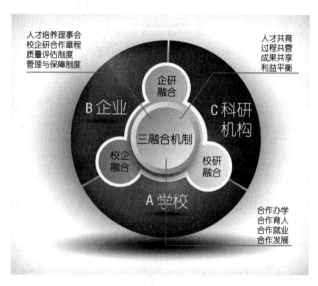

图 3.4 "三融合"合作机制模型图

3.3 打造"三平台"职业能力发展环境

校、企、研三方共同搭建教育教学平台、工程应用平台和创新创业平台，全面提升学生职业技能、工匠精神和创新创业精神。

职业能力的培养需要职业化的环境。教育教学平台是培养学生职业技能的第一平台，按照企业标准建设"教、学、做、思"一体化教室，每位学生有自己的固定独立工位，配备笔记本电脑，在正常上班时间，除了公共课以外，学生原则上在自己的工位学习。教育教学平台所完成的专业基础课程内容均来源于企业项目，教学过程按照项目开发流程进行。各种教学资源借助于智慧"云课堂"实现了碎片化和体系化，学生可以根据需要随时查阅和练习自己需要的技能点。

学生掌握基础技能之后进入到第二平台——工程应用平台。该平台主要依托校内软件工程研发中心，软件工程研发中心由学校免费提供场地，吸纳多家软件企业入驻。该平台的项目为企业真实项目，学生以员工身份接受项目经理管理，辅助工程师按照企业标准完成软件的设计、开发、测试、实施工作。

学生在工程应用平台完成较为完整的岗位能力锻炼后,进入第三个平台——创新创业平台。该平台包括了中国科学院重庆绿色智能技术研究院、中国煤炭科学研究院重庆分院等科研机构,也包括多个校外顶岗实习基地,以及"智云众创空间"。学生可以根据个人发展情况进行多元化的选择,然后按照实际项目需要在创新创业导师指导下完成技术测试、数据整理、技术推广、创业体验等工作。创新创业平台使学生能够接触前沿技术,具有开阔的视野,培养学生的创新意识和创业精神。

三平台充分利用了三方的优势资源,为学生专业能力的提升和职业素养的发展提供了载体和途径,如图 3.5 所示。

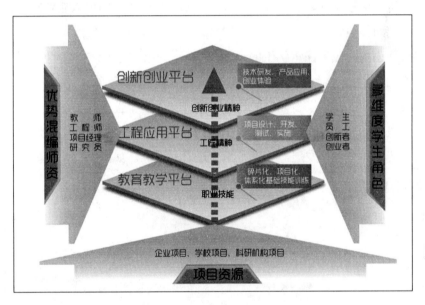

图 3.5 "三平台"育人环境图

3.4 重构"三阶段"教学环节和课程体系

依托"三平台",依据"岗位群→能力集→课程包"教学设计模型,建立"基础技术→工程应用→创新创业"的能力训练体系,形成以"教育教学课程包→工程应用课程包→创新创业课程包"为主线的教学资源,重构软件技术"基础技术阶段→工程应用阶段→创新创业阶段"三阶段教学环节及课程体系。

"基础技术阶段"注重学生软件技术职业基本素质的形成，将工程成熟案例和创业创新理论课程融入教育教学课程包，改传统课程实习为项目实习，由多门课程共同支撑一个完整项目，将学生分为若干项目组，每个组完成不同项目，并由多位老师同时指导，加入了项目答辩环节，使学生有完整的项目体验，基本职业能力得到全面提高。

"工程应用阶段"注重真实项目实践和企业文化熏陶，将企业真实案例和专业竞赛课程融入工程研发课程包，校、企、研三方人员均以项目经理或者工程师的身份进行统一管理，与学生一起进行软件项目的设计、开发与实施，学生按照项目进展进行岗位互换，实行项目学分替换制，使学生提前融入企业环境，并得到全方位的岗位锻炼。

"创新创业阶段"注重学生的个性化发展，将创新实验和创业体验融入创新创业课程包。该阶段实行创新创业导师制，校企研的创新型项目、"智云众创空间"创业体验，为学生提供了多元化的选择，实现了学生个性化培养。

三阶段教学环节及课程体系以岗位能力为核心，遵循软件技术人才培养规律，注重文化传承和个性化发展，实现了学生进阶式培养。如图 3.6 所示。

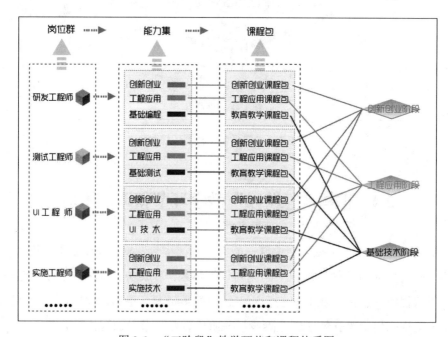

图 3.6　"三阶段"教学环节和课程体系图

3.5　校企研合作运行机制

1. 校企研合作理事会章程

第一章　总则

第一条　为了落实重庆市大力发展职业教育精神，培养与地方经济和社会发展紧密结合的技术应用性人才，促进产学结合，加强学校的专业建设和实习基地建设，加强学校与用人单位和研究机构的合作，共同做好高职毕业生就业工作，向企业和科研机构输入所需应用型技术人才，共建长期的人力资源供需协作关系，特制定本章程。

第二条　校企研合作理事会的性质：是重庆工程职业技术学院与企业、科研机构联合办学的一种教育形式，是学校专业建设、人才培养和产学结合的管理咨询机构，是企业和科研机构参与职业学校管理的一种机制。

第三条　校企研合作原则：优势互补，资源共享，互惠互利。具体地说，一是加强校企研合作，实现资源共享；二是进行产学结合，提高教育教学质量；三是坚持互惠互利，实现学校、企业、科研机构、学生四方共赢利。

第二章　组织机构

第四条　理事会由企业、学校和科研机构代表三方成员组成。理事会下设 4 个区域合作委员会和 4 个专门委员会。校企研合作理事会设理事长 2 名，副理事长、常务理事、理事若干。理事会下设秘书处，挂靠学院校企研合作办公室。设秘书长 1 人，由学院分管校企研合作的院领导担任，副秘书长 2 人。秘书处是理事会的核心部门，是联系理事成员之间的纽带，负责理事会的日常工作，协调各成员之间的活动。秘书处负责制定工作计划，并负责安排实施，进行工作总结。

第五条　理事会的最高权力机构是理事会成员代表大会，代表大会的职权是：

（一）制定和修改章程；

（二）选举和罢免理事；

（三）审议理事会工作报告和财务报告；

（四）决定终止事宜；

（五）决定其他重大事宜。

第六条　理事会成员代表大会须有 2/3 以上的成员代表出席方能召开，其决议须经到会成员代表半数以上表决通过方能生效。

第七条　理事会成员代表大会每届三年。因特殊情况需提前或延期换届的，须由理事会表决通过，报业务主管单位批准同意，但延期换届最长不超过 1 年。

第八条　理事会秘书处是理事会成员代表大会的执行机构，在闭会期间负责理事会日常工作，对理事会成员代表大会负责。

第九条　理事会每年至少召开一次会议；情况特殊的,也可采用通信形式召开。

第十条　理事会的理事长、副理事长、秘书长必须具备下列条件：

（一）坚持党的路线、方针、政策，政治素质好；

（二）在理事会业务领域内有较大的影响；

（三）理事长、副理事长、秘书长最高任职年龄不超过 70 周岁；

（四）身体健康，能坚持正常工作；

（五）未受过剥夺政治权利的刑事处罚；

（六）具有完全民事行为能力。

第十一条　理事长、副理事长、秘书长任期三年。理事长、副理事长、秘书长可连选连任，但最长不得超过两届，因特殊情况需延长任期的，须经成员代表大会 2/3 以上会员代表表决通过后方可任职。

第十二条　校企研理事会主要职责：

1. 参与议事。对学院的发展规划、年度工作计划、重大发展目标、重大改革项目、基本建设等重大事项提出建议，学院对理事会提出的议案应及时通报反馈；

2. 协调各方关系，保障各方利益。负责协调学校、企业和科研机构之间的关系，统筹各方资源支持合作办学；

3. 实施监督。负责对学院办学行为实施监督；

4. 决定理事会其他事项。

第十三条　理事会理事长职责：

（一）召集和主持理事会；

（二）检查理事会成员代表大会、理事会决议的落实情况；

（三）代表理事会签署有关重要文件。

第十四条　理事会秘书长职责：

（一）主持办事机构，开展日常工作，组织实施年度工作计划；

（二）协调各分支机构、代表机构、实体机构开展工作；

（三）提名副秘书长以及各办事机构、分支机构、代表机构和实体机构主要负责人，交理事会决定；

（四）决定办事机构、分支机构、代表机构和实体机构专职工作人员的聘用；

（五）处理其他日常事务。

第三章　校企研理事会成员的权利与义务

第十五条　理事会有自然成员和单位成员两种。自然成员主要有科研机构、重庆工程职业技术学院，单位成员为企业理事单位等。

第十六条　申请加入理事会的成员，必须具备下列条件：

（一）拥护理事会章程；

（二）有加入理事会的意愿，承担理事会相应义务；

（三）在理事会的业务领域内具有一定的影响。

第十七条　单位理事成员入会的程序是：

（一）提交入会申请书，填写成员登记表；

（二）经理事会讨论通过；

（三）由理事会发给成员证。

第十八条　理事成员享有下列权利：

（一）理事会的选举权、被选举权和表决权；

（二）参加理事会组织的活动；

（三）获得理事会服务的优先权；

（四）对理事会工作的批评建议权和监督权；

（五）优惠取得和利用本会的信息或资料；

（六）入会自愿、退会自由；

（七）企业成员和科研机构有优先挑选学院毕业生的权利，学院毕业生有优先获得企业成员和科研机构工作岗位的权利。

第十九条　理事会成员履行下列义务：

（一）执行理事会决议。

（二）维护理事会合法权益。

（三）完成理事会交办的工作。

（四）向理事会反映情况，提供有关资料。

（五）学校成员的特殊义务：①向理事会报告办学情况；②接受企业成员和科研机构的委托，为其培养培训技术人才和职工；③为企业成员和科研机构输送合格毕业生。

（六）企业成员和科研机构的特殊义务：①向理事会报告有关用工等情况；②向学校成员提供兼职教师和实习场所，捐赠教育基金和实习设备；③优先向学校毕业生提供工作岗位。

第二十条　成员退会应书面通知理事会，并交回成员证。成员如果一年不参加本会活动的，视为自动退会。

第二十一条　成员如有严重违反本章程的行为，经理事会表决通过，予以除名。

第四章　校企研合作内容

第二十二条　理事会是持续稳定开展校企研合作办学的组织机构，通过建立有效的运行机制，为开展校企研合作、改革专业设置，推动教学改革、技术服务等提供平台，达到"合作育人、合作就业、合作发展"和增强学院办学活力的目标。

第二十三条　"合作育人"就是实现人才共育、过程共管、成果共享、利益平衡的紧密型合作办学体制机制。学院开展深度校企研合作，共同培养和打造具有"双师素质"的专业教师队伍，校企研联合培养专业教师，同时聘请一批专业人才和能工巧匠作为兼职教师，使教师结构多元化。

第二十四条　"合作就业"就是通过学院人才培养与企业用人计划对接，校企研共同研究人才培养方案，合作育人，达到服务企业的生产要求，解决学生的就业问题。

第二十五条　"合作发展"就是发挥学院的人力资源优势、企业的生产装备优势和科研机构的理论优势，共同推进企业产品改造升级，提升教师的研发能力，持续改进课程教学内涵，提高人才培养质量，向企业提供高质量的毕业生。

第五章 附则

第二十六条 本章程经理事会全体成员代表通过后实施。章程修改须经理事会会议超过半数通过。

第二十七条 本章程的解释权属校企研理事会。随着形势发展变化，本章程在执行过程中出现一些必要的非原则性变通，可经秘书处暂行决定，在下一届委员会通过。

第二十八条 成员单位与学校开展如专业（或方向）共建、实习实训基地共建、人才订单培养、师生实习实训费用等合作项目，由校、企、研三方另行签订合作协议。

第二十九条 本章程于成员单位签订合作协议时生效。

2. 校企研合作项目经费使用管理办法

为加强校企研合作项目经费管理，提高项目经费的使用效率，根据我院财务审批管理有关规定，现制定校企研合作项目经费使用管理办法。

（1）经费支出范围：

1）项目调研支出。含差旅费、会务费、市内交通费、专家论证费等。

2）资料汇集支出。含信息查询费、图书购置费、资料打印费等。

3）校企研往来支出。含项目合作单位来校接待费、工作需要馈赠合作单位纪念品费等。

以上支出均应按项目实施时域分年度进行预算。校企研合作项目运行过程中所派生的费用（如基地建设费、专家讲座费、师资培训费、课程开发费、教材编写费、学生补助费、实验用品购置费等），不在本经费支出范围。

（2）经费支出比例。

项目调研支出应不低于经费总额的 50%，资料汇集支出应占经费总额的 5%，校企研往来支出应不高于经费总额的 45%。

（3）经费支出审批程序。

项目经费由财务处按年度划拨至项目承担单位。经费支出实行学校、专业组两级管理。每项支出由项目负责人审批，主管财务校长签字同意后，方可报销，财务处对经费使用情况实行指导和适时调控。

3. 校企研合作质量评估制度（细则）

（1）校企研合作工作考核制度的说明。

1）为调动对工学交替、校企研合作工作的积极性，使之更加规范化、制度化，学校实行考核，考核的内容主要包括：校企研合作共建、人才培养、实践教学、师资培养等。

2）《校企研合作质量评估制度（细则）》，是每年度衡量和考评各专业组工学交替、校企研合作工作的主要依据；此外应在每学年的年初向学校上报校企研合作工作计划，年末上报工作总结，及时反映校企研合作中取得的成绩和存在问题。

3）本办法的考评结论分为优秀、合格、不合格三种。紧紧抓住当地经济发展的脉搏，积极加强与行业企业的交流与合作，办出高职特色，培养出适应行业和当地经济需要的高素质技能型专门人才。

（2）校企研合作工作考核指标体系。

校企研合作工作考核指标体系如下：

一级指标	二级指标	考核等级		
		优秀	合格	不合格
1. 校企研合作办学组织领导	1. 校企研合作领导及特色 2. 校企研合作规划及任务			
2. 校企研合作工作的管理运行	1. 校企研合作的协调和调度 2. 创新校企研合作思路			
3. 校企研合作项目	1. 内引校企研合作项目 2. 外联校企研合作项目			
特色或创新项目	特色可能体现在不同层面： （1）体现在校企研合作的办学观念、工学结合思路； （2）体现在人才培养的特色。创新主要是指在联合办学过程中，使用新思路、新办法，并在产学研结合的工作实际中得到应用，产生明显的效果			

说明：优秀的要求是在达到合格要求的基础上考核。

（3）校企研合作工作的指标等级标准及内涵。

校企研合作工作的指标等级标准及内涵如下：

一级指标	二级指标	权重	考核等级标准	
			优秀	合格
1. 校企研合作办学组织领导	（1）校企研合作领导及特色	0.5	1）产学研工作的分管领导具有校企研合作办学的先进理念，思路清晰，工作扎实有效。 2）具有推进和深化校企研合作办学的项目实施，且实施效果较好	设有本部门的校企研合作机构，由分管校长负责，配备1～2 兼职工作人员
	（2）校企研合作规划及任务	0.5	1）制订本部门的校企研合作实施意见，明确本部门校企研合作项目方案可行性论证议事程序。 2）根据计划进展情况，能及时向有关部门反映校企研合作取得的成绩和存在问题	每学年年初及时上交工作计划，年末汇总工作总结，并能召开本部门的校企研合作工作会议
2. 校企研合作工作的管理运行	（1）校企研合作的协调和调度	0.8	能圆满完成校企研合作过程中的各部门间的协调工作，超额完成任务	能配合学校职能部门协调工作，按时参加学校召开的会议
	（2）创新校企研合作思路	0.2	在校企研合作过程中创新，并能在生产、教学、科研方面有所突破，实现"双赢"，成绩显著	根据自身特点，开创校企研合作的新模式、新方法
3. 校企研合作项目	（1）内引校企研合作项目	0.5	1）与企业和科研机构签订两年及以上合作协议。 2）引进企业和科研机构产品、资金、生产线或生产车间，开展产学结合	1）引进企业和科研机构应具有独立的法人资格，具有可持续发展的能力和较好的业绩，具有较高合作诚信度。 2）有相关专业参与校企研合作项目，包括：接受企业和科研机构先进设备赠送、推介，建设校企研合作基地
	（2）外联校企研合作项目	0.5	1）外联合作企业和科研机构规模效益、科技水平在行业领先。 2）能从生产、教学、科研等多个方面深入开展合作，成绩显著	1）外联合作的企业和科研机构应具有独立的法人资格。 2）能接收学生和教师参与到实际的生产实践中

4. 校企研合作管理与保障制度

第一章　总则

第一条　目的。

校企研合作是学校办学优良传统和特色的重要体现，是提高学校办学实力的重要途径。为加快校企研合作建设，促进教学、科研水平全面提升，带动招生、就业良性循环，适应社会需求和学校发展需要，制定本制度。

第二条　适用。

本制度适用于学校与企业和科研机构在招生、就业、人才培养、实践教学、科研、技术服务、培训、文化建设等环节或领域开展的合作（以下简称"校企研合作"）。

第三条　机构。

成立校企研合作理事会，理事会的最高权力机构是理事会成员代表大会，代表大会的职权是：

（一）制定和修改章程；

（二）选举和罢免理事；

（三）审议理事会工作报告和财务报告；

（四）决定终止事宜；

（五）决定其他重大事宜。

第二章　合作

第四条　条件。

（一）合作企业的基本条件：校企研合作的企业和科研机构一般应具有独立的法人资格，具有可持续发展的能力和较好的业绩，具有较高的合作诚信度。

（二）合作项目的基本条件：促进教学、提升科研水平，带动学校招生、就业良性循环，适应社会需求和学校发展需要。

（三）不宜引进的校企研合作项目范围：

1. 拟引进的校企研合作项目中含有国家或行业协会明令禁止的设备、材料、工艺或技术；

2. 单纯进行商业性生产经营；

3. 有关法律、法规禁止的其他情形。

第五条　审批。

（一）提出申请。

需要建立校企研合作的相关部门在与意向单位建立正式合作关系前，需向校企研合作理事会提出申请。

（二）审查。

校企研合作理事会对校企研合作项目初审后，提交校企研合作领导小组审查，校企研合作领导小组成员按照各自部门职责进行审查。

（三）批准。

校企研合作项目审查后，提交分管副校长或校长审定通过，由分管副校长或校长代表学校签署校企研合作协议后生效。

第三章　管理

第六条　日常管理。

每学期末，对口联系部门应向校企研合作理事会上报校企研合作工作总结，及时反映校企研合作过程中取得的成绩和存在的问题。并及时将签订的校企研合作协议上交校企研合作理事会备案登记。

第四章　附则。

第七条　学校与事业、社会团体、政府部门等单位开展的合作参照本办法执行。

第八条　本制度自发布之日起执行。

本管理制度自发布之日起执行，并由学校办公室负责解释。

3.6　实践成效

学校、企业、科研机构三方构建了"三融合、三平台、三阶段"的全方位创新性的协同育人模式，主要包括以下三个方面。

1. 发展合作教育理念，在高职院校率先引入科研机构为合作育人主体

基于无界化理念和合作教育理论，结合软件技术升级换代周期越来越短，软件人才技能滞后的实际，在传统的校企双方合作基础上，将引入科研机构变为三方合作，创新性地提出了"三方共赢、项目协作、协同育人"的高素质软件技术人才培养理念。本理念以校、企、研三方的利益为切入点，形成三融合的协作育

人机制；以项目协作为纽带，构建"三平台"的职业素养培养环境，以岗位能力为核心，形成渐进式三阶段的教学环节和课程体系。学生和教师在三平台的三阶段项目实践中，完成职业技能和素质的提升，培养的软件人才具有较高的职业素养，并在技术上具有一定的前瞻性。本成果丰富和发展了"产教融合、校企合作"教育理论内涵，为我国高职软件人才培养理论创新提供了重要的实践基础。

2. 创新合作育人机制，在高职率先构建校企研人才培养共同体

以学校为中心，广泛联系企业和科研机构，成立软件人才培养理事会，聚集校、企、研三方资源，在"优势互补、资源共享、利益平衡"的基础上，健全多元化投入机制，推行人员互训互聘、基地共建共享、项目互利互惠的措施，打造并深度融合"教育教学、工程应用、创新创业"三平台，形成互联、互通、互动的人才培养共同体。

该共同体营造了学生职业技能、职业素养的进阶式培养环境，为学生学习专业知识、训练专业技能、提升职业素质提供了平台，为实现"技术能力强、项目能力强、创新意识强"的人才培养目标提供了有力的支撑。

3. 创新合作育人环节，在高职率先实施进阶式个性化人才培养

以"三平台"为载体，以岗位能力为核心，以真实项目为载体，将职业文化及创新创业精神融入教学和工程实践全过程，推行以项目为导向的多课程联合实习，以全方位软件岗位能力锻炼为目标的"岗位轮换制"和"项目学分替换制"，注重学生个性化发展，重构"基础技术阶段→工程应用阶段→创新创业阶段"三阶段教学环节及课程体系，实现学生进阶式培养。

该人才培养模式在校内 2012 级至 2016 级计算机应用技术（Java Web 软件开发方向）、计算机网络技术（Android 软件开发方向）、计算机控制技术（嵌入式开发方向）三个专业实施，取得了以下几个方面的成果。

1. 学生培养质量明显提升

自 2012 年在我院实施以来，学生培养质量明显提升。参加重庆市各类职业技能大赛获得一等奖 20 项、二等奖 30 项、三等奖 50 项，全国职业院校技能大赛国赛二等奖 5 项、三等奖 15 项；学生参加全国计算机软件水平考试通过率提高 30%。比如计算机控制技术专业的两位同学在 2016 年全国职业院校技能大赛"嵌入式技术与应用开发"比赛中荣获团体二等奖。

促进就业效果明显。软件类专业 2013 级毕业生就业率达 98%，企业满意度达 85%，专业对口率达 93%，毕业半年月薪达 4500 元的占 85%，相当部分学生进入华为、联想、亚德、中国科学院重庆绿色智能技术研究院、中国煤炭科学研究院重庆分院等著名 IT 企业和科研机构，工作能力得到广泛认可。

2010 级至 2013 级软件类专业毕业生就业效果变化趋势如图 3.7 所示。

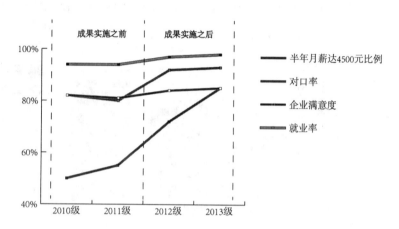

图 3.7　毕业生就业率、满意度、对口率和月薪的变化趋势图

实施前后毕业生去向调查如图 3.8 所示。

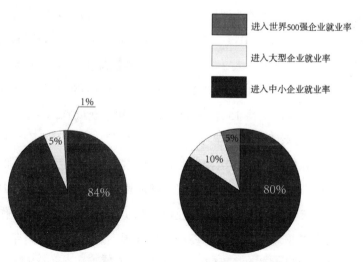

图 3.8　成果实施前后毕业生去向调查图

学生创新能力提升显著。建立的"智云众创空间"被重庆市教委授予重庆市高校众创空间荣誉称号,被重庆市科委授予重庆市众创空间荣誉称号。该空间成功孵化了蛙圃美克、创杰科技、佳博软件开发等 4 个创新创业工作室。近两年,学生参加创新创业大赛获得市级奖励 2 项、专利 14 项,完成企业研发项目 15 项。

学生报到率和到课率提升明显。该人才培养模式实施以来,通过大数据分析显示计算机类专业学生到课率提高了 9%。2014—2016 年学生报考积极性和报到率变化趋势如图 3.9 所示。

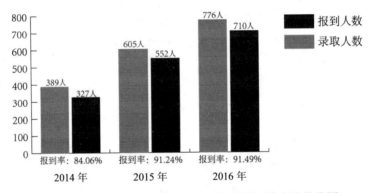

图 3.9　2014—2016 年学生报考积极性和报到率变化趋势图

2. 人才培养模式获普遍认可

完成省部级、校级教改课题 28 项,其中重大课题 1 项,重点课题 3 项;公开发表教改论文 10 篇,其中核心 5 篇;主编规划教材 5 本,获得省部级、校级精品课程 8 门;培养专业带头人 2 名,双师素质型教师 10 名,其中教授 5 名、博士 4 名;学校被重庆市经济和信息化委员会授予重庆市信息技术软件人才培养实训基地;成果还带动学校其他 15 个专业的发展,其中获批省部级骨干专业建设 2 个。

3. 推广应用效果初步彰显

该人才培养模式在重庆工程职业技术学院、重庆市及全国高职软件类院系进行交流并被推广应用。该人才培养模式被应用到与中兴通讯合作办学中,推动移动通信技术、云计算技术与应用专业设计和实施了"六共同"合作育人模式;在工业和信息化职业教育教学指导委员会和全国高职电子信息类专业教学改革研讨会上多次进行成果交流和专题报告,引起广泛关注;该人才培养模式被市内 15 所、市外 30 多所高职院校的软件类专业借鉴、推广和应用。

第4章　高职软件类专业学习环境构建

进入21世纪以来，随着计算机科学技术、移动通信技术和互联网技术等现代信息技术的快速发展，同时包括智能手机、平板电脑和个人终端电脑等在内的各种智能终端设备得到了越来越广泛的应用并逐步得到大范围的普及[①]。基于各种各样的智能终端设备作为媒介使得学习者能够与世界更为便捷、更为紧密地联系在一起，相比于传统学习模式，现阶段的学习方法和学习环境都在逐渐地被重新构建。高等职业教育作为高等教育的重要类型之一，在我国的高等教育大众化发展进程中将起到不可替代的作用，为提升全民素质水平具有重要的促进作用。高等职业教育作为培养高级技术技能型人才的主力军，其培养质量的高低直接影响高等教育的整体发展质量。众所周知，提高高职教育的人才培养质量是一项系统性的工程，取决于多种因素的通力合作与协调发展。其过程中学习效率的高低对于高职学生的人才培养质量来说是至关重要的，而学习环境对学习效率是会产生重要影响的[②]。

近年来，在"产教融合、校企合作"等先进教育理念的指导下，通过国家、省市等专项建设计划，诸如国家示范校建设、国家骨干专业建设、省级示范校、省级骨干专业等的建设，我们国家的高等职业教育建设取得了质的进步。软件技术类专业作为新一代信息技术产业的灵魂专业，其具有实践性强、技术更新快、创新意识要求高等特点[③]，软件类专业的人才需求多样化趋势随着软件行业的迅速发展变得愈加明显，随着科技的发展，信息技术与互联网技术飞速发展，世界已全面进入"互联网+"时代，自2015年3月李克强总理在第十二届全国人民代表大会政府工作报告中首次提出了"互联网+"行动计划，提出将移动互联网、大数

---

① 王立峰. 知识管理视角下个人学习环境（PLE）构建研究[D]. 东北师范大学，2014.
② 李传刚. 学习环境影响学习效率的调查分析——基于高职学生视角[J]. 高教学刊. 2021，7（32）：69-75.
③ 刘洪芳. 试论高职计算机软件专业创新创业人才培养[J]. 数字通信世界. 2018（12）：209.

据和云计算等与现代制造业结合，促进电子商务、工业互联网和互联网金融健康发展，引导互联网企业拓展国际市场[①]。互联网自此开始了向传统行业领域慢慢推广开来，"互联网+"模式的全面铺开为软件类专业的学生提供了更加广阔的就业平台，但是，高职软件技术类专业学生近年来的就业形式却不容乐观，专业对口率也较低，也就是说软件技术类专业学生能够从事软件开发工作的人较少。随着高职办学规模的扩大和生源数量的逐年降低，高职院校软件技术专业生源质量呈现逐年下降的趋势[②]。此外，诸多高职院校软件技术类专业办学过程中都希望能够很好的契合行业发展和企业用人需求，然而其办学思路与现有人才培养模式滞后于市场发展的需求；课程的体系结构缺乏衔接性，尤其是提出的众多基于工作过程的实践类教学课程往往流于形式，并不能很好地发挥实践课程应有的作用。工学不能够紧密结合，也就是说学生在学习过程中做和学不能够很好的有机统一，导致知识的学习和使用存在严重的脱节现象，这一系列的问题导致高职院校软件技术专业必须探索一条新的人才培养路径，以便能够提高职软件类专业学生的技能水平和职业素养，进而确保高职软件技术类专业学生在"互联网+"时代拥有一席之地。学生的能力和职业素养的培养离不开学习环境的构建，在"类上班制"人才培养模式研究中，我们在学习环境构建过程中将按照"学习环境与企业真实工作场景类似"的理念，构造最符合当前时代背景下软件技术类专业人才培养的学习环境。学习环境对学生的学习效率会产生重要的影响，为了更好地提升高职院校学生的学习效率，实现高职人才培养质量的提升和人才培养目标的实现，必须营造或者说是构造完善的学习环境。

伟大的科学家钱学森先生呼吁我们的教育应该从知识和技能型人才的教育模式向创造和发明型人才的培养方法转型。在当前教育综合改革的背景之下，如何有效地培养学生的核心职业技能和职业素养，尤其是在培养学生的解决实际问题、沟通交流、创新实践等能力方面是教育工作者首要考虑问题。我们知道，传统的以教为主的教学模式让学习者长期处于被动学习的状态，学习者的主观能动性难以得到发挥，这与我们的教育教学工作的初心是不相符合的，特别是在高职院校

---

① 王波. 高职软件专业基于工作室的现代学徒制教学模式的探索与实践[J]. 吉林广播电视大学学报. 2015（11）：96-97.

② 张大鹏，董俊磊. 软件技术类专业在高职院校发展前景研究[J]. 科技视界. 2015（03）：204.

以培养学生动手能力的教学类型中。

经过科学家和项目开发工程师们的深入思考后，项目学习的学习方式逐步出现在教育工作者们的视野中。"项目"是项目学习（Project-Based Learning，PBL）概念中的关键词，项目一词在新华字典中的释义为：事物分成的门类。诸如体育项目、田径赛事项目、建设项目，翻译成为对应的英文单词是 item。随着社会的发展，"项目"一词的应用范围变得更加宽泛，可以在限定的时间内，为了实现与显示相关联的特定目标，将要解决的问题分解为一系列相互关联的任务，以便于使得各个小组可以相互合作，并通过有效组织和使用相关资源来创建特定的产品或服务，包括物质产品、创意、简报、发明或建议等多种形式，翻译成对应的英文单词为 project[①]。将项目 project 引入到教学过程中就形成了国内外教育界非常盛行的项目学习。"项目学习"这个概念最早是由哲学家杜威的学生克伯屈（William Heard Kilpatrick）提出的，他于 1918 年发表于哥伦比亚大学《师范学院学报》上面的《项目（设计）教学法：在教育过程中有目的活动的应用》一文中，明确了项目学习的思想是让学生通过实际活动去学习，认为知识只有通过行动才能够获得。克伯屈的文章涵盖了其导师杜威的"问题解决法"和"做中学"的两种重要观点，是先创设问题情境再由学生去解决问题，要在教师的具体指导下师生共同完成项目。克伯屈的论文一经发表就引起了国内外教育界专家学者们的广泛关注，该文章被教育领域公认为是 20 世纪最有影响力的教学理论文章之一[②]。克伯屈的文章明确了项目学习的宗旨思想是让学生通过有目的的活动去展开学习，并认为在行动中才能够获得想要学习的知识。教育界克伯屈特别强调项目学习的目的性，并认为项目学习应该基于学生的兴趣和需求，有目的的活动应被用作教育过程的核心或有效学习的基础[③]。

项目学习无论是在初中、高中还是大学教育过程中都得到了广泛的应用，尤其是在一些工程属性较强的学科实践运用中的学习效果最为显著，通过已有的项目学习案例，学生通过项目的实践能够很好地获得成就感，能够更好地激励学生的学习积极性，激发学习责任感，提高学生的高级思维能力，加强学生的合作能

---

① 程晓英. 基于项目学习的编程课程教学模式建构与实践研究[D]. 西南大学，2020.

② 杨晓丽. 基于项目的学习在初中信息技术课堂中的应用研究[D]. 浙江师范大学，2009.

③ 李伟. 高中信息科技项目教学的探究与实践[D]. 上海师范大学，2011.

力，提高学生们的自主学习能力。事实上，在高职院校软件技术类专业教学过程中，开展项目学习法是很好的一种教学模式，然而，由于高职院校学生的扩招导致学生水平的参差不齐已是不争的事实，那么在人才培养过程中，我们应该充分尊重学生个体差异，探索基于个性化发展的高职软件技术类人才培养模式。所谓的个性其实就是指一个人具有一定倾向性的各种心理特征的总和，具体表现为一个人在思想、性格、品质、意志、情感、态度等各方面不同于其他人的特质。高职学生由于自身条件、生长环境和成长经历的不同，学生的个体差异是必须要在教学过程中加以考虑的。从学生角度出发，基于个性化发展的高职软件技术类专业人才培养模式体现了学生学习的多元价值取向，个性化发展的思想可以确保在最大程度上尊重学生个性的多样化特征和学习能力的差异化特征，促使每个学生在求学过程中均能够得到最大程度的发展。调查研究发现，多数高职院校软件技术类专业的人才培养目标定位却不是十分明确，培养方向是比较模糊的。软件技术类人才的培养具有自己独有的特征，软件开发具有自己特有的开发周期，从项目需求分析到软件开发设计，从编写程序到产品的销售都是软件人才培养过程中将要涉及的内容，在教学实施过程中，软件技术类人才的培养往往是批量式的，采用"满堂灌"的传统方法展开教学，没有很好地考虑学生的个性化问题。

由于软件技术类专业随着互联网行业发展发生着迅速的变化，以应用技术为主的高职类院校的软件技术类专业应该更好的对接行业，将行业相关知识和项目引入专业，主动对接相关软件企业，分析当前的主流技术和主流岗位需求，设置不同的人才培养方向，再根据不同的方向构建具有针对性的培养方案，最后再配以不同的教学课程。此外，在教学实施过程中，在充分尊重学生群体的个性特征和所选择方向的基础上，采取班级重组的方式或者课程模块选修的方式，充分地让每一个学生爱上自己的方向和课程。这种基于个性化的软件技术类人才的培养模式实现了软件专业和行业、企业挂钩的同时，也减轻了学生的学习负担，更好地保护了学生的个性化发展，有助于提高学生的就业竞争力。基于个性化发展的高职软件技术类人才培养模式虽然融入了更多的"职业元素"，帮助具有不同个性特征的学生更早地完成职业适应性，但是，这只是能够解决其中一部分问题，不能够从根本上解决问题学生的职业适应性问题。究其根本原因会发现，基于个性化的软件技术类人才培养模式只是从学习者角度提出的，而没有更好地考虑校企合作等多元协同育人角度来思考问题。

高职院校软件技术类专业的人才培养过程中"多元协同育人"合作办学的模式是值得深入探究的一种人才培养模式①。为了实现学校专业和企业产业之间的有机结合，确保高校能够为社会的发展培养更多的创新型、实用型与复合型综合人才，尤其是在就业形式如此严峻的今天，以应用技术为主要核心能力培养的高职院校必须采用多元化的协同育人模式才能够培养出优秀的符合社会发展需求的技能型人才。根据协同育人的概念可知，所谓的协同育人主要就是指的两个或者多个的资源或个体，在彼此相互团结、统一、配合的基础上，最终达成协调的步调，共同完成对学生的培养。协同育人模式的提出，在一定程度上解决了单方面育人成效不显著，供需不匹配的问题，提高了学生的综合竞争力。一般来说，协同育人所含有的形式包括校内协同育人和校外协同育人两种，其中校内协同育人指的是学校内部学科或者专业之间的相互融合，实现多团队、多资源的共同参与协调；校外协同育人则指的是学校同企业、政府和科研院所（校企研）的深度融合，共同开展多方位、多样化的协同工作。虽然我国高职院校均在纷纷展开"多元协同育人"合作模式的探索，在取得一定成效的同时，也存在些许问题，合作形式主要还是停留在表面层次，诸如企业专家进入学校担任专业委员会参与人才培养方案的制定，院校为企业员工进行一定的文化知识和职业技能的培训等。在多元协同育人合作模式过程中，无论是学校还是企业都是存在协同育人的内在动力不足；许多高职院校在对社会实践缺乏真正意义的认识，无法及时地根据社会实际情况的需求进行教育教学内容、方式方法的改变，将社会实践单单作为课堂教学的补充内容，存在学校教育教学与社会实践脱节的问题；缺乏成熟的合作模式，合作多为临时性的、基础性的，所展开的合作多是表面的，缺乏一定的内涵和深度。由此可见，"多元协同育人"合作模式在人才培养方面还有很多值得深入研究的问题。

美国学习效率研究专家戴维斯认为，学习是学习者在一个"场"里面展开的，"场"对于学习会造成一定的影响。学习者在学习时的心境就被成为内部的"场"，然而，学习者学习活动进行的时候所处的环境被称为外部的"场"。由此可见，学

---

① 何涛，邓果丽，谭旭，等. 高职软件类专业"多元协同育人"合作办学研究[J]. 深圳信息职业技术学院学报. 2016，14（02）：40-44.

者戴维斯提到的"场"其实就是我们所阐述的学习环境。具体而言，影响高职学生学习效率的因素就可以归结为主观因素（心境）和客观因素（环境）两大类型。就主观因素和客观因素展开来说，其中的主观因素主要指学生自身要素，包括个人兴趣、爱好、性格、态度、智力、能力、毅力以及学习者的生理、心理等学生自身因素；客观因素简单来说就是主观因素之外的所有因素，主要包括自然环境、社会环境、家庭环境等各类对学生学习产生直接或者间接影响的客观因素。

提高教育质量始终是教育事业永恒的话题，是教育事业改革发展的核心任务和可持续且有效发展的路径之一。教育质量的提升不能仅仅依靠"教"的综合因素的改善提升，更要注重与教学方式方法相适应的学习环境的完善与改变。陈巧云的观点认为"环境是学习进行的物质基础，影响学习环境的因素主要有社会环境、校园文化环境、学习场所环境等，这些因素都对学习产生正面或者负面的影响。具有优良校风、学风、教风的学校是能够培养具有高质量的优秀人才，在适宜的声、光、色、温等环境以及优雅、安静的学习场所学习，学习效率定会提高"[①]。虽然学习环境对于学习者效率的影响巨大，但是学习环境是可以被我们科学构建和营造，在此过程中，可以分别从"软件"环境的营造和"硬件"环境的构建。"软件"环境的营造包括校园文化的隐性熏陶、家庭父母的教育跟进、高校教师的教育引导、社会环境的营造、教育制度的导向激励。"硬件"环境的构建包括学习者在校园或者校内生活的主要环境场所，科学的"硬件"环境的构建能够为提高学生的学习效率提供坚实的保障。实现高职人才培养目标，提高高等职业教育人才培养质量，需要在学习环境的科学规划、合理布局和积极营造等诸多方面进一步地深入思考和实践。

4.1　课内学习环境构建

高职软件类相关专业学生的培养面临着学生职业素养与社会要求有差距、职业技能与工作岗位任务的能力需求不匹配、学生创新创业能力的培养与专业教学有脱节等问题。通过深入调研行业企业软件类相关专业岗位群对高层次技术技能

---

① 陈巧云. 高等院校高效率学习空间的设计研究[D]. 东北林业大学，2014.

人才的需求以及相应的用人标准，结合团队多年教学经验与毕业学生的跟踪调查发现，由于软件行业工作岗位所需知识更新快、岗位技能变化随业务变化呈现多样化变化，学习难度大，知识点难以准确掌握，导致学校的教学环境与软件类企业真实工作环境具有较大差距，导致学生从学校一毕业就踏入工作岗位时难以快速适应企业工作。另一方面，各行各业信息化程度也在不断加快推进，企业对软件相关类专业人才需求也是较大的，然而，现实很多情况是毕业生找不到对口的就业岗位、企业难以招聘到符合岗位要求的软件开发技术人员，企业和学生陷入了一个两难的局面，尤其是对于高职院校的软件技术类人才的培养，此类问题更为突出。

针对高职院校软件技术类专业学生的培养满足不了用人单位需求的现实突出问题，重庆工程职业技术学院构建并实践了高职院校软件技术人才培养的"校企研"协同育人共同体和三方合作育人工作机制，主要是以"三融合"为基础，汇集三方优质项目资源，建设了多元化师资队伍、项目研发队伍、导师制队伍，搭建了以职业能力培养为主线、以真实工程项目为纽带的"教育教学、工程应用、创新创业"三平台，实现了学生角色多维度转变，营造了全方位职业素养提升环境。同时以"三平台"为依托，以岗位能力为核心，遵循软件技术人才培养规律，注重文化传承和个性化发展，设计了基础技术、工程应用、创新创业"三阶段"的渐进性阶梯式教学环节和课程体系。创新性地提出了基于校企研共同体的"三融合、三平台、三阶段"的软件技术人才培养模式[①]。

软件技术类专业人才培养过程中缺乏行业背景资源的融入，导致学生的竞争力不强，软件技术类专业在校期间主要是以普适性的知识和相关技术为主要学习内容，诸如 Java 程序设计、Java Web 程序设计、C#程序设计等课程，实践教学环节也是以普适性软件为主，主要用于掌握课堂理论知识，缺乏符合行业或者企业真实项目需求的知识凝练，学生们学习了理论知识后不能得到及时应用并且也不知道如何使用这些知识和技能来适应企业项目需求，导致学生在学习的过程中没有行业背景的归宿感，专业优势和市场竞争力就不能够得到体现。

学校教育教学平台环境与企业真实环境不匹配，我们知道学校传统的教学环

---

① 杨智勇，杨娟，刘宇. 高职院校软件技术人才培养校企研共同体的构建与实践[J]. 职教论坛. 2018（04）：115-120.

境主要是理论教师+实训机房，未充分考虑到软件类专业的专业特征，有时候课程知识点和联系是不能够通过课堂的学习达到效果的，加上高职院校的大部分学生主观能动性较弱，期望学生自己通过课后前往图书馆等自学场所展开自主学习是不太可能的，这就导致了学生的知识积累量和技能水平得不到有效的提升。除此之外，在没有有利学习环境和有效学习时间的保障下，如果单单是利用课堂时间还存在很多学生开发环境都没有搭建好，或者说是任务程序只编写一半就下课了的问题，导致学习过程无法得到延续。如果能够模仿企业真实工作环境，提供企业级真实项目，软件技术类专业学生除了完成正常课堂教学外，能够进入构建的企业级真实环境继续展开学习和项目开发，软件技术类专业学生的培养质量必然会得到巨大的提高。

学校教育教学环节和课程体系不能够满足新时代背景下人才分层、分类培养的现实需求。传统的课程体系大多按照"公共基础课""专业基础课""专业核心课"和"毕业设计"4阶段开设课程，缺乏对软件技术人才成长规律的充分考虑，现有的课程体系是不利于软件技术专业学生能力的培养，课程体系的设置未充分考虑不同学生个体之间的基础差异和兴趣的差异性，如果仅仅是依靠现有学习环境中的课程体系是不利于新时代背景下高职教育人才的分层分类培养和差异化能力培养。

重庆工程职业技术学院充分考虑软件技术人才成长规律，融合校、企、研三方共同体的优势资源，打造教育教学平台、工程应用平台和项目实践应用平台，全面提升学生职业技能、工匠精神和创新创业精神。

在高职院校软件类技术人才"类上班制"人才培养模式实践过程中，鉴于之前软件技术类人才培养的各种问题，重庆工程职业技术学院针对软件技术类专业人才的教学过程中，对每位同学分配独立且固定的工位，如图4.1所示，充分实行"边教边练""边学边做"，全面确保学生培养质量，保证学生在踏入岗位之前能够参与足够数量和质量的项目开发过程中。学生在校期间，在校内导师和校外导师的共同监督下，按照软件公司运行模式，实行"类上班制"——按照软件技术类公司作息时间开展班级作息，学生每天早上8:30到达自己固定的工位，下午5点才能够离开自己的工作岗位。

图 4.1　软件技术类学生 "类上班制" 模式下的独立工位示意图

学生在校学习期间，在 "类上班制" 人才培养模式下，无论是上课期间还是没有课程安排期间，严格实施考勤制度，如果学生有课就会到教室上课，没有课程安排就必须到达工位自己学习或者完成老师安排的项目工作，实现 "上学即上班"。通过这种模式，可以下意识地培养学生的岗位文化和软件技术职业岗位对于学生的潜在技术能力。

为了更好且有效的破解学校教育教学环境与软件类企业真实工作环境有差距的问题，重庆工程职业技术学院在 "三融合、三平台、三阶段" 人才培养模式基础之上，以提高软件技术类专业人才为目标，又创新性地提出了高等职业院校软件类专业人才 "类上班制" 人才培养模式，搭建了 "课内+课外" 双贯通学习环境。

在双贯通学习环境，课内学习环境能够充分支撑课外学习环境，课外学习环境能够反哺课内学习环境。搭建课内学习环境，在课内学习环境搭建过程中，充分考虑软件技术类专业人才培养特征，结合软件全生命开发周期规律，同时为了满足学生个体差异与生源质量的差异性发展的需求，重庆工程职业技术学院软件技术专业教学团队按照前段开发、后端开发、测试运维三个方向搭建"教、学、做、思"一体化教室，除公共课之外的学习环节均在一体化教室完成，每位学生拥有独立的工位，在公共教室完成公共课学习之外，严格按照软件公司作息时间展开教学和项目工作开发。在校企研"三融合、三平台、三阶段"人才培养模式基础上，充分挖掘合作企业、合作科研院所资源，开发企业和科研院所成熟项目案例和待开发项目资源，以项目案例为纽带，将班级学生进行分组，成为不同项目开发小组，导师将项目进行拆分，分成不同难度的项目小块，分发给不同的小组展开软件开发，再制定严格的项目开发进程考核标准，通过项目式教学，结合分小组讨论与软件开发，能够全方位地培养学生的自制能力、协调沟通能力以及团队意识，慢慢地将企业软件开发文化融入教学过程中，达到润物细无声的效果。通过课内学习环境的构建，学生充分接受企业文化的熏陶，让企业文化落地重庆工程职业技术学院"教、学、做、思"一体化课堂，"课内+课外"双贯通学习环境如图 4.2 所示。

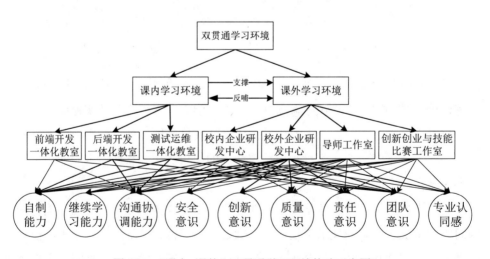

图 4.2 "课内+课外"双贯通学习环境构建示意图

4.2 课外学习环境构建

"类上班制"人才培养模式下的一体化教室项目式教学过程中，以一体化教室为载体，将理论知识、学习物理环境和实践项目开发融为一体，将传统的课堂教学转变为以项目为主导的实践型半开放教学，打破了传统的封闭式教学模式，让学生们能够充分地在"做中学，学中做"，全方位地提高自己的技术技能能力。以一体化教室为项目开发场所载体，充分整合政、行、企、校多种资源，在具备真实工作环境的一体化教室中倡导"理论实践一体化"，实现教学内容项目化、学习过程职业化、学习情境企业化、学习成果产品化，全面激活学生学习过程中的主观能动性和积极性，提高学生的动手能力与工作岗位适应能力，强化学生的职业素养，体现了"以学生为本"的教育教学理念。

"类上班制"人才培养模式的师资队伍实行企业导师和校内导师的双导师模式，部分借鉴了德国、英国等发达国家职业教育发展提出的现代学徒制教育模式，在高素质"双师"型专业教师和具备多年项目开发工作经验的具有工程背景的企业专业技术人员的混编师资队伍带领下，在一体化教室环境下，导师与学生零距离接触，可以实现在第一时间及时沟通，通过师傅的言传身教，可以实现针对性的人才培养，同时对学生的职业发展进行合理的科学的规划，逐渐引导学生树立正确的人生观、就业观和价值观。

在"课外"学习环境搭建过程中，首先就是学校与企业共同搭建校企研发中心，其目的是通过建设校企研发中心，包括校内企业研发中心和校外企业研发中心与实践基地，引进企业优势资源，充分利用双方的优势资源，实现双方的互利互惠，通过引进学校的优质企业资源，搭建以企业为中心、学校组织技术能手和专业骨干教师参与研发中心，企业负责实现教师和学生向企业人的转变，学校提供应有的场地供应和基础设施以及一定的经费保障，其中校企研发中心如图 4.3 所示。合作企业或者科研院所将提供专业设备资源和实际项目，选派经验丰富的工程师协助技术指导，确保学生在学习期间的师资质量的保证。其次，学校与科研院所共同搭建导师工作室，导师团队成员主要来自于学校"双师"素质教师和企业高级工程师，通过混编师资队伍的优势互补能够全面提升师生的创新能力，引进科研院所、企业，形成以学校为主、企业和科研院所参与的导师工作，学校将联合科研院所与企业实现科研和技术攻关。最后，学校与企业、科研院所搭建创新创业与技能比赛工作室，为提升学生技能水平，搭建以学校为主、企业和科研院所参与的创新创业与技能比赛工作室，学校联合企业与科研院所共同指导学生参加比赛。

图 4.3　校企研发中心

在构建课外学习环境的环节，通过引入企业、科研院所资源，开发项目教学资源，推行"任务驱动、工作导向"的项目开发进程化教学方法，以企业真实项目和软件类技能竞赛课题为"练兵"平台，通过专业教师与企业项目工程师合作，将开发的项目教学资源课程提炼成工作任务，按照软件开发流程依次分解，根据教学规律转换成学习任务，精心设计真实的教学情境，设计师生深度互动的教学活动，通过以小组讨论的形式，相互讨论启发，理论联系实际共同完成项目开发任务。通过项目任务工作为引领，充分激发学生的学习兴趣，引导学生在"做中学、学中做"，切实提高学生的学习能力，强化项目工作过程体验，强化职业技能训练，培养学生继续学习能力、沟通协调能力、创新意识、安全意识、质量意识、责任意识、团队意识和专业认同感。"类上班制"软件人才培养模式下，学生在一体化教室参与软件项目的全程开发过程，可以实现零距离接触企业、科研院所一线开发环境，理解企业软件开发岗位基本能力需求，了解软件开发进程规范，熟悉软件开发流程，掌握软件开发的方法，培养学生的团队协作精神。

第 5 章　高职软件类专业教学资源构建

5.1　共建开发资源

在"类上班制"人才培养模式实施过程中，围绕培养"职业素养高、岗位技能精、创新能力强"的高水平技术技能人才建设需要，开发各类行业标准及开放性资源。

（1）共同制定标准。建设覆盖大部分行业领域、具有先进水平的职业教育标准体系，包括教学标准、评价标准、学分置换、薪酬发放标准等。创建团队和管理办法，校企共同开发工业软件开发技术等专业教学标准，共同参与行业、企业、课程等标准制定，形成校企协同开发标准机制。

（2）共同开发课程资源。课程资源主要涵盖以下几个方面：

1）构建个性化课程包，面向软件类专业岗位群，将专业划分为不同方向，学生可根据自身志趣自主选择；改造企业真实项目，按需求分析→系统设计→编码实现→软件测试→运行维护的项目生命周期建设资源，构建不同专业方向的个性化课程包。

2）制定课程建设管理办法，校企共同制定融岗位能力、技能竞赛、行业证书为一体的产教融合人才培养方案，开发"岗课赛证"融通课程体系，打造《Windows服务器配置与管理》等国家级优质课程资源。

3）构建数字化课程资源，以医学和疫情防控、自然科学、工程与技术、农业与生态、经济与发展、艺术与设计、智能与虚拟仿真实验、面向未来与创新创业等课程为主，建设支持中文、英文的数字化课程资源。

4）校企共建一体化课程资源，以成果为导向，将能力指标分解落实到课程、项目、专题和活动中，构建了理论实践一体化，以实践能力培养为导向，实际项目为牵引，内容动态更新的课程资源。其中将"Java 程序设计""MySQL 数据库"

"Photoshop 基础""Python 程序设计""数据结构与算法设计"等专业核心课程打造成重庆市精品在线开放课程。

5）构建完善的一体化课程体系（含 1+X 证书课程），课程体系内容更新机制把握行业发展"五新"（新技术、新产品、新工具、新应用、新理论），更新再造教育教学。面向专业岗位能力需求，以"五级"项目贯穿始终，设计一体化专业课程体系，如图 5.1 所示。

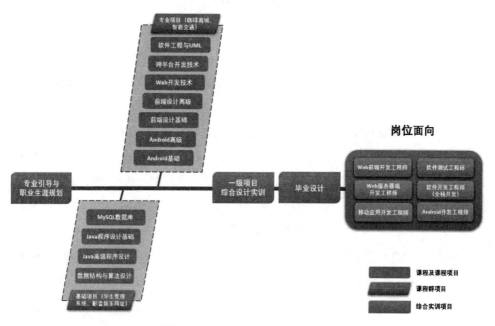

图 5.1　五级项目牵引的课程体系

6）实施课程推广，依托中国大学 MOOC、智慧职教等平台，以"线上+线下"方式实施课程应用推广。

（3）构建混合式教育生态系统，创新教育教学方法。从职业教育的类型特征出发，以培植和提高学生的综合能力为重点，紧密结合学校的文化禀赋和专业特色，构建了以混合式教学为核心的生态系统，如图 5.2 所示，不断创新教育教学模式，教学过程应与行业企业生产服务过程相对接，加快建设能够满足学生多样化、个性化需求的信息化教学环境，完善课堂教学质量检测评价体系，通过课堂教学的改革创新，调动学生学习积极性。

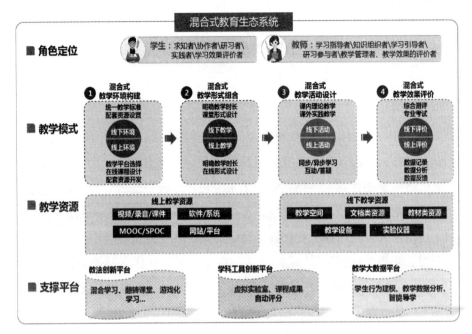

图 5.2　混合式教育生态系统

　　将传统课堂面授教学（Face to Face，F2F）与在线学习（E-Learning）相融合，混合式学习模式既能发挥教师引导、启发、监控教学过程的主导作用，又能充分体现学生作为学习过程认知主体的主动性、积极性与创造性，从而获得最佳的学习效果，如图 5.3 所示。

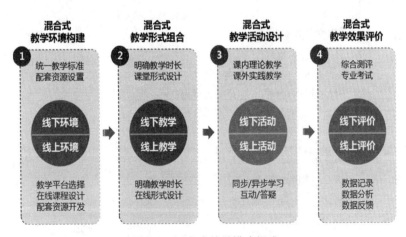

图 5.3　混合式教学模式组成

5.2 共建软件类专业"类上班制"人才培养方案

1. 培养目标

"类上班制"主要培养培养拥护党的基本路线，热爱祖国，德、智、体、美、劳全面发展，适应现代信息化发展、直接与企业需求接轨，具有良好的人文素养、职业道德和创新意识、精益求精的工匠精神，较强的就业能力和可持续发展能力，掌握本专业知识和技术技能，面向"成渝"地区的软件和信息服务业的计算机工程技术人员、计算机程序设计员、计算机软件测试员等职业群，能够从事软件开发、Web 前端开发、软件测试、软件编码、软件支持等工作的职业素养高、岗位技能精、创新能力强的高水平技术技能人才。软件类专业人才培养规格见表 5.1。

表 5.1　软件类专业人才培养规格

能力类别	要求
职业素质	1. 践行社会主义核心价值观，牢固树立对中国特色社会主义的思想认同、政治认同、理论认同和情感认同，具有深厚的爱国情感和中华民族自豪感； 2. 崇尚宪法、遵法守纪、诚实守信、尊重生命、热爱劳动，履行道德准则和行为规范，具有社会责任感和社会参与意识； 3. 遵守职业规范，具有良好的专业精神、职业精神、工匠精神、质量意识、信息素养和创新思维； 4. 勇于奋斗、乐观向上，具有自主学习、自主管理、自主发展能力和职业生涯规划意识，有集体荣誉感和团队合作精神； 5. 身心健康、具有良好的审美情趣； 6. 具有一定的系统思维、设计思维和工程理念； 7. 具有一定的创意、创新和创业能力
通用能力	1. 具有较强的分析问题与解决能力； 2. 具有较强的表达与沟通能力、团队合作能力； 3. 具备创新创业与职业生涯规划能力、终身学习与专业发展能力

续表

能力类别	要求
知识和技能	1. 掌握面向对象程序设计、数据库设计与应用的技术等专业基础知识； 2. 掌握 Web 前端开发及 UI 设计的方法、Java 开发平台相关知识； 3. 掌握软件工程规范、测试技术和方法、软件项目开发与管理知识，了解软件开发相关国家标准和国际标准； 4. 具备计算机软硬件系统安装、调试、维护能力，能利用 Java 等编程实现简单算法的能力； 5. 具有数据库设计、应用、管理能力，软件界面设计能力、桌面应用程序和 Web 应用程序开发能力，初步具备企业级应用系统开发能力； 6. 具有软件测试、项目文档撰写、售前售后技术支持能力

2. 实施措施

"类上班制"班级聚焦计算机软件行业的实用技术，优化配置教学科研资源，采用全新的人才培养方案与教学计划，面向国际学科前沿与社会发展需求，凝聚一支在计算机领域学术水平高、教学经验丰富的师资队伍，瞄准"高层次技术技能人才"培养目标，打造计算机软件类专业高层次技术技能人才培养基地。

针对当前软件类专业人才培养存在教学环境缺乏真实、教学内容脱离实际、职业能力不符要求等问题，基于软件类人才成长规律，提出了学习环境与企业工作场景类似、学习资源与企业真实项目类似、培养路径与职业发展过程类似、项目考评与企业绩效考评类似等四个类似的"类上班制"人才培养模式，具体措施如下。

其一，构建"类上班制"学习环境。按"学习环境与企业工作场景类似"的理念，搭建"课内+课外"双贯通学习环境，使学校教学环境融入软件类企业真实工作环境。搭建课内学习环境，设置"教、学、做、思"一体化教室，学生拥有独立工位，实行由辅导员、工程师和二级学院领导组成的多班主任负责制，实施与软件类企业一致的作息时间。搭建课外学习环境，联合企业成立校内企业研发中心与校外实习实训基地，以项目为驱动，发挥企业和学校双导师作用，指导学生按软件生命周期完成项目；联合科研院所成立导师工作室，共同申报纵横向课题，开展科技创新活动；联合入驻企业、科研院所共建创新创业与技能比赛工作室，以训练学生专业技能为导向，校企研共同制定训练方案。

其二，构建"类上班制"教学资源。按"学习资源与企业真实项目类似"的理念，构建"分方向、全周期"教学资源，使专业教学资源融入企业真实工作项目。搭建"自研+第三方"的教学云平台，学校投入资金自主研发教学云平台，支持云班课、线上考勤、线上测试、学习圈和直播等功能，同时集成中国大学MOOC、智慧职教等第三方平台，丰富资源整合途径。面向软件类专业岗位群，将专业划分为不同方向，学生可根据自身志趣自主选择；改造企业真实项目，按需求分析→系统设计→编码实现→软件测试→运行维护的项目生命周期建设资源，构建不同专业方向的个性化课程包。

其三，实施"类上班制"培养路径。按"培养路径与职业发展过程类似"的理念，构建"渐进式、项目化"培养方法，使人才培养路径融入职业发展过程。

分方向实施步骤包含：①工作计划及宣传，二级学院制定详细的工作计划，并在新生入学的10月上旬开展讲座，宣讲"类上班制"分方向相关信息；②报名：新生入学的10月底，学生根据重庆工程职业技术学院"类上班制"宣传资料及报名时间，由本人申请报名；③初审：根据报名条件初步审查，并汇总符合条件的学生信息；④笔试：根据笔试成绩初步排序各方向学生名单；⑤面试：组织专家进行面试，确定各方向最终名单；⑥在11月确定各方向最终名单并进行公示；⑦从大学一年级第2学期正式进入"类上班制"班级学习。

培养路径包括：①学习型项目，学生可进入不同方向的一体化教室，学习已构建的个性化课程包，此阶段重点培养学生岗位技能，为团队合作开发奠定基础；②模拟型项目，基于企业已交付的真实项目，模拟企业项目组架构，组建"项目经理+需求分析师+原型设计师+开发工程师+测试工程师"项目组，由企业和学校导师共同指导，按软件生命周期完成项目开发，此阶段重点培养学生团队协作能力，为真实项目开发奠定基础；③真实型项目，基于搭建的课外学习环境，依托学校、企业、科研院所，组建"企业导师+学业导师+心理导师+科研导师+职业规划导师"师资队伍，形成由"软件项目+科研项目+比赛项目"组成的真实型项目，学生可根据自身志趣个性化选择，进入对应进阶平台（校外实习实训基地、校内企研发中心、导师工作室、创新创业与技能比赛工作室）工作，此阶段重点培养学生真实项目交付能力。

3. 考核评价

按"项目考评与企业绩效考评类似"理念，构建"考核+激励"评价方法，考核评价方式融入企业 KPI 考核。

其一，构建"主体多方、内容多层、方法多样"的考核方法。构建由学生、学校教师、企业导师组成的评价主体，学生开展自评和互评，学校教师与企业导师共同实施软件行业 KPI 考核，考查项目完成质量，同时对专业技能、创新精神、团队协作、沟通表达、自主学习能力等进行综合定量评价；构建由学习型项目、模拟型项目、真实型项目组成的多层评价内容，学习型项目侧重考查岗位技能，模拟型项目侧重考查团队协作，真实型项目侧重考查产出绩效；实施两阶段考评，第一阶段为项目中期，进行阶段性成果考核评价，针对存在的问题提出改进措施，保证项目进展顺利；第二阶段在项目完成之后，双方就学生在项目过程中的表现给出综合评价，同时探究校企合作中的矛盾和诉求，为开展后续合作奠定基础。

其二，落实考核奖励兑现机制。根据学生在项目组里的表现，基于上一条输出的定量考核指标，实际对学生进行学分分配及奖金发放。实现"多劳多得，少劳少得，不劳不得"的分配方式，以此调动学生的主观能动性。

4. 组织保障

（1）领导小组。重庆工程职业技术学院成立"类上班制"班级领导小组，制定相关政策和管理办法。组长由大数据与物联网学院院长、党总支书记担任，副组长由大数据与物联网学院分管教学副院长、分管学生工作党总支副书记担任，小组成员包含教务科长、学生科长、实践教学科科长、团总支书记、教研室主任、专业带头人。

（2）教学场所。学校提供专用的实训室，实训室提供固定桌椅、电源、网络、多媒体教学环境，学生自带电脑，按照导师制（研究生培养模式）开展软件开发人才培养。实训室即学生软件开发场所，实现理实一体化工作室，一人一个工位，除涉及学校公共课外，其他学习环节均在实训室完成。

（3）教师配备。"类上班制"班级实行导师制、多班主任（辅导员）制（其中 1 名为二级学院院级领导，另外 1 名为企业导师）。班主任（辅导员）主要负责学生日常学习和生活的管理，二级学院院级领导担任辅导员，主要负责解决一些重大问题和引导学生的专业发展，企业导师负责培养学生职业素养；每 6 名左右的学生配备 1 名具有丰富项目经验的教师担任导师，进行学业指导，学生随指导教师参加软件开发项目及有关科研活动，每个指导教师至少带领学生完成 3 个创新软件项目。选派专业团队优秀的教师担任课程及项目教学，同时在软件企业聘请5～6 名既有较强理论水平又有丰富实践经验的软件开发工程师或项目经理担任兼职教师进行实践和顶岗实习、学生毕业设计指导等教学，聘请软件企业资深开发工程师定期到学校进行知识和技能交流，邀请企业到学校建立工作室和研发中心，企业项目在学校完成开发。

5.3 搭建"自研+第三方"的教学云平台

自主研发教学云平台，支持云班课、线上考勤、线上测试、学习圈和直播等功能，同时集成中国大学 MOOC、智慧职教等第三方平台，来丰富资源整合途径。充分利用学校教学云平台、大数据分析与决策预警平台、内部质量保证监测系统和精品课程平台满足专业对信息化、数字化教学手段的需求，支持混合式教育模式，协助高校实现互联网+教育，是教学质量评估体系的重要监控手段。软件技术类专业充分利用现有平台，对课程建设、质量保证、信息化教学等方面持续发力，打造软件类专业智慧教育教学平台，如图 5.4 所示。

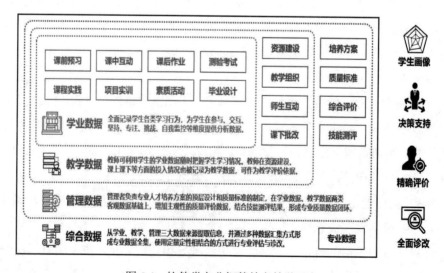

图 5.4　软件类专业智慧教育教学平台

5.4 打造"三平台"职业能力发展环境

重庆工程职业技术学院根据软件技术人才成长规律，融合校企研共同体的优势资源，打造教育教学平台、工程应用平台和创新创业平台，全面提升学生职业技能、工匠精神和创新创业精神。

1. 教育教学平台

教育教学平台作为大学生的第一平台，是学生学习专业基础理论知识的重要平台，是学生专业技能提升的基础性平台。我院按照企业标准建设了含电源、网络、电脑的工位式学习环境，教、学、做、创一体化教育教学平台。考虑到电脑升级换代快、学生学习的连续性和携带的方便性，采取学生自带笔记本电脑的方式。在校三年学习期间，每位同学都有自己独立且固定的工位，实行"边教边练""边学边做"，确保学生毕业前参与项目开发的数量和质量。学生在校三年期间按照软件公司运行模式，实行"类上班制"——按照公司作息时间实行"朝 8:30晚 5"，即学生每天早上 8:30 到工位，下午 5 点离开工位，一年级需上晚自习，其余时间由学生自由安排，实施指纹考勤，其间学生有课上课，无课在工位自我学习或者完成老师安排的项目。通过"上学即上班"模式的训练，培养学生岗位文化和软件技术岗位需要的潜在能力。教育教学平台所完成的专业基础课程内容均来源于企业和科研机构的项目或课题，教学过程按照项目开发流程进行。各种资源放入在线资源平台，学生可以根据自身学习情况和需要随时查阅和学习自己需要的知识点和技能点，实现了学生学习资源的碎片化分解和体系化。

2. 工程应用平台

该平台为学生掌握基础技能之后进入到的第二平台，主要依托于校内软件工程研发中心。研发中心由学校免费提供场地和办公环境，企业带着真实项目、科研机构带着成果或技术免费入驻。研发中心组建由企业主导、学校教师和科研机构研究人员全程参与的混编师资队伍。中心实行项目经理负责制，校企各派 1 人担任，学生以员工身份接受项目经理管理，辅助工程师按照企业标准完成软件的设计、开发、测试和实施工作。学生在校期间至少在工程应用平台参与完成 3 个项目的研发，要求至少在 3 个岗位锻炼过。

3. 创新创业平台

该平台为学生经过工程应用平台较为完整的岗位能力锻炼后进入的第三个平台。创新创业平台让学生能够接触前沿技术，开阔学生视野，培养学生的创新意识和创业精神。创新创业平台主要依托科研机构和重庆市教委、重庆市科委批准重庆工程职业技术学院建立的"智云"众创空间、校外顶岗实习基地等。创新创业平台由科研机构提供技术创新思路，由企业和"智云"众创空间主导提供创新创业岗位，由科研机构人员主导组建混编师资队伍，实行创新创业导师制。学生可以根据自身情况进行多元化的选择，在导师指导下进行产品应用、技术研发和创业体验等工作，学生还可以通过完成创新创业项目替换课程学分。

5.5 共同打造校内外实践基地

1. 导师工作室

随着我国 IT 产业的快速发展，软件技术受到了社会的广泛关注，特别是面对 IT 产业的转型升级，社会对软件技术的需求与日俱增。但是，目前的高职软件技术教育体系还不能满足社会的需要。在高校教育体系中，每年都有大量软件技术专业的学生毕业。然而，面对 IT 企业庞大的用人需求，诸多学生仍无法顺利就业，甚至只能转行。这个庞大的高职教育体系无法匹配庞大的用人需求，原因很简单——目前的高职软件教育体系无法培养出一大批符合企业要求的专业技术人才，也就是我们的教学设计滞后于实际要求[1]。导师工作室不仅是学生开展职业技能培训的重要场所，也是学生培养职业习惯、职业道德、市场意识、客户服务意识、团队意识、成本意识等职业素养的重要场所。根据软件行业和企业对软件工程师基本能力和素质的要求，我院提出建设基于"类上班制"人才培养模式的生产性软件项目开发导师工作室，并取得了显著成效。学生毕业从事软件项目开发的学生比例远高于同类院校。培养的学生在历届全国技能大赛中屡获佳绩，毕业生对职场适应能力明显增强。他们逐渐成为企业的骨干或晋升为企业项目经理、技术

---

① 周仕参，等. 基于"平台+模块"课程体系的"导师设计工作室"教学模式初探[J]. 教育教学论坛，2015（27）：264-265.

总监等核心岗位[①]。

《国家中长期教育改革和发展规划纲要（2010—2020 年）》明确提出，大力发展职业教育，推行工学结合、校企合作、顶岗实习的高职人才培养模式。"类上班制"是一种工学结合、校企合作、在职实习和企业人才培养的模式，是软件技术人才培养的有效手段。基于此机制创立的软件导师工作室有其特点[②]：

（1）学校建设软件项目的开发环境成本低，除了场所、桌椅板凳，只要配置好计算机及相关软件即可实现。

（2）软件外包是企业的首选，也是社会的热点，工作室很容易接到项目订单。

（3）任何软件企业都不能同时招收几十个实习生。国家也没有相关政策引导企业尽可能多地接收和培养在职实习生。而校内软件导师工作室可突破此人数限制。因此，软件项目开发专业的学生必须在学校教育过程中积累一定的开发经验。

基于以上三点，培养软件项目开发人才的一大有效途径是建立导师工作室。

在生产型实训室建设中，大部分高校只注重硬件建设，这是一种误解，忽视了能让机器说话的双师资和能达到教学目标的教学资源。建设软件项目开发实训室，硬件只是基础，师资建设和资源建设才是教学的关键、引领和载体。制度建设是调动师生积极性，促进他们主动付出智慧的意愿和行动的保障[③]。

（1）基于"类上班制"的生产型软件项目开发培训工作室硬件建设。

与机械等工科专业相比，软件项目开发导师工作室的成本要低很多，而且容易实现。只要购买一定的计算机和辅助材料组成机房，就构成了软件导师工作室的雏形。但是，它不同于传统意义上的实验室机房。它是一家软件系统研发公司，按照软件项目开发企业标准设置的实训基地，是一个集企业文化、课堂教学、项目研发为一体的综合性、多功能高职教学场所。因此，软件项目开发培训工作室需要形成一个真实的工作环境。软件导师工作室的布局和配置充分借鉴了软件企业的办公环境。一个人有一个独立的工位，每个办公室都有一个独立的会议室，

① 钟石根. 基于"导师制、项目化"建设校内生产性软件项目开发实训工作室[J]. 出国与就业（就业版），2011（14）：189-190.

② 钟石根. 基于"导师制、项目化"建设校内生产性软件项目开发实训工作室[J]. 出国与就业（就业版），2011（14）：189-190.

③ 钟石根. 基于"导师制、项目化"建设校内生产性软件项目开发实训工作室[J]. 出国与就业（就业版），2011（14）：189-190.

供各组讨论和回顾。严格的考勤制度和工作汇报制度，让学生近距离感受软件企业的真实工作环境。

（2）基于"类上班制"的生产型软件项目导师工作室师资资源建设。

师资资源建设是教学的关键、引领和载体，教师的专业水平尤为重要。一个合格的教师可以创造各种条件来达到教学目的。因此，需要制定政策，培养一批双师型教师，或者引进软件项目开发企业经验丰富的项目经理加入团队，为团队注入新鲜血液，选拔 1~2 名能力出众的老师作为软件项目开发工作室的负责人，负责导师工作室的日常教学、日常运营和日常管理。这样，工作室里的学生就拥有了高水平的导师。导师决定教学与研发方向，学生在导师指导下根据项目进行实战。

学校软件导师工作室建设是高职院校软件实践教学建设的发展方向。每个培训室都应该规划好，软硬件建设要合理布局。软件导师工作室建设的出发点和目的是为了学生提升实际开发能力。因此，要强调学生的参与，使学生成为软件导师工作室建设的积极参与者和直接受益者。通过导师工作室师资队伍建设，大胆改革教学方式和教学内容，积极倡导项目式、过程式、任务驱动式的教学模式，以满足 IT 企业的就业需求。

2. 创新创业与技能比赛工作室

创新创业与技能比赛工作室以培养学生学习兴趣、实践动手能力、快速自学能力、商业思考能力为首要目标，以学科竞赛为牵引，坚持"砥苦谨信、惟精弘毅"的价值观，以成为国内高职院校一流的创新创业与技能比赛工作室为愿景，从低年级学生开始进行人才培养，同时设立导师制度，培养创新能力与教导能力。通过"学中干、干中学、带着学"的方式督促培养学生的学习能力与综合素质[①]。

（1）工作室目标定位。

1）帮助工作室成员拓展视野、培养兴趣、增强信心、解决问题，努力培养具有学科核心竞争力的高素质、创新型专业人才；

2）组织工作室成员参加各类学科竞赛和创新创业竞赛，在积极参与竞赛的同时培养学生的创新意识和科学素养，促进学院科技创新实践活动和学科竞赛的蓬勃发展；

---

① 洪蕾."软件创新工作室"建设案例——金陵科技学院应用型本科教育创新创业教育案例[J].科技资讯，2016（14）：141-142.

3）锻炼和培养学生的工程实践能力、创新意识、创新实践能力和团队精神，提高合作能力、职业素质和综合素质；

4）培养学生的非智力综合能力、洞察力、想象力和创造力、综合应用分析能力；

5）培养学生的主动学习和自主研究能力，提高学生的认知效率，使学生更好地理论联系实际，提高学生的实践能力、创造力和合作能力。

（2）工作室培养模式。

工作室经过几年的建立，形成了"1+1+1"三阶段校企交替的人才培养方式。第一学习阶段以第一学年为重点，以教学、学习、实践为一体的学习工作室，第一阶段以教学为主，辅以企业内的专业认知环节。学生首先通过工作室宣传了解工作室任务，通过选拔加入工作室，根据个人兴趣和工作室项目要求学习和补充新知识，主要以"以旧换新"的方式完成，辅以通过相应的科技讲座。工作室导师为学生提供行业新技术指导。最后，学生汇报学习情况，导师给予相应的指导和评价。第二阶段以第二学年为重点，重点参与企业真实项目、竞赛项目、创新创业项目等实践学习。根据工作室项目的基本情况，学生加入相应的项目组进行分析、设计和研发，体验应用所学知识的乐趣，提高学习兴趣，进一步增强自主学习能力，增强团队合作能力。项目完成后，或交付给企业或参加各类专业竞赛和创新创业大赛，导师将根据项目验收情况给予适当评价，优先推荐学生进入企业实习。第三学习期以第三学年为主，主要推荐工作室学生到企业进行岗位实习。学生作为准员工进入企业进行带薪岗位实习，直接进入项目组参与研发项目工作。实习结束后，他们根据企业和学生的意愿选择是否加入公司。同时，在实习休息期间，他回到工作室与低年级学生交流学习心得，完成"以老带新"的工作。工作室学生在第二学期积累的知识和经验，在第三年的岗位实习中得到了合作企业的充分认可，优先推荐高薪和对口就业岗位，更好地促进工作室良性发展。一些有创新创意项目的学生团队和工作室积极联系，鼓励和帮助学生创业。

（3）工作室主要特色。

1）形成了"校企研一体化合作办学"人才培养新模式；

2）开辟了培养软件工程实践能力的新途径。树立以能力培养为核心的教育理念，形成"做中学+学中做"的能力培养新模式；

3）创新教学、管理和运营模式。在老师的指导下，工作室的学生协助导师完成一些项目，或参加专业竞赛，成绩在学院展示。工作室以工作组为单元开展活动，并建立了相应的工作室管理制度；

4）注重因材施教。在组织和开展活动时，导师根据学生自身特点分组布置项目任务。一方面锻炼学生的学习与实践能力；另一方面增强学生的团队意识。

3. 校企共建技能人才培训基地

为推动重庆市人才特色培养和为优秀教师搭建科研平台，进一步提升国家示范性高职院校服务地方经济建设能力，探索科研院所与学校共同开展应用型人才培养新模式，推动大数据服务与软件产业健康发展，学院与华为技术有限公司、新大陆数字技术股份有限公司、锐捷网络股份有限公司、中兴通讯股份有限公司、联想集团、中国科学院重庆绿色智能技术研究院等知名企事业单位共建软件技术、人工智能等培训基地、教育部－中兴通讯 ICT 行业创新基地、物联网科普基地、信息技术软件人才培养培训基地等 13 个校内培训基地，2500 余个培训工位。实习实训基地的建立既为学生提供了实习实训的平台，增加学生对于真实工作环境的认知和熟悉程度，也为企业员工提供了进一步练习深造的平台，提升企业员工的技能水平和熟练程度。学校和企业通过共建实习实训基地有效实现学校和企业的优势资源共享，同时实现学校培养学生和企业追求效益的目的[①]。

甲方负责提供人才培养基地需要的办公场所和办公设备等，教学团队由甲乙双方共同组建，以甲方为主，甲乙双方共同向有关部门申请人才培养经费，甲方负责根据乙方要求遴选对计算机科学有浓厚兴趣，并在计算机软件开发领域有一定发展潜质的学生组成"实验班"，甲方负责班级学生的日常教学管理工作。

乙方支持在甲方开展"实验班"人才培养工作，并对甲方创新型数据服务与软件开发人才培养提供指导和帮助，乙方负责提供 2~3 个较为成熟的项目用于甲方实验班专业项目教学，同时在人才培养模式、课程体系、师资队伍、实训基地等方面给予指导和帮助。乙方每年派 1~2 名技术骨干参与实验班课堂教学，每年接收 3~5 名甲方教师进行顶岗实践锻炼。乙方根据需要邀请甲方人员参加项目研发工作。乙方将"实验班"学生加入工作平台团队进行特别培养，与甲方共同探索高职数据服务与软件开发人才培养新模式。"实验班"学生毕业时，由乙方根据

---

① 沈梦. 云南职业教育产教融合、校企合作实现机制研究[D]. 云南大学，2019.

需要优先挑选和推荐就业。

4. 校企共建项目研发中心

在教育部印发的《关于全面提高高等职业教育教学质量的若干意见》中，提到"要积极推行与生产劳动和社会实践相结合的学习模式，把工学结合作为高等职业教育人才培养模式改革的重要切入点""加强实训、实习基地建设是高等职业院校改善办学条件、彰显办学特色、提高教学质量的重点""要积极探索校内生产性实训基地建设的校企组合新模式"。此类模式强调"校企合作、工学结合"在职业教育人才培养中的重要性，强调生产性实训基地，尤其是"校中企"这种校内生产性实训基地在高技能型人才培养过程中的重要性[①]。

（1）校内"软件研发中心"运行模式。

重庆工程职业技术学院与重庆城银科技股份有限公司、重庆南华中天信息技术有限公司等企业合作共建的校内"软件研发中心"正是基于上述理念成立的。经过近十年的实践，围绕着"软件人才培养"这个主题，探索出了行之有效的"应用型软件人才"培养途径。

校内"软件研发中心"由产品部、开发部、测试部等部门组成。校内"软件研发中心"有两个主要功能。一是作为合作企业的分公司，承担公司的日常研发工作；二是与学校共同探索人才培养方式，承担一定的日常人才培养工作。

产品部、开发部、测试部等是分公司的基本构成单元。产品部主要职责是对接用户、分析软件需求及绘制软件原型图；开发部的主要职责是根据产品部输出的软件原型图进行编码开发；测试部的主要职责是测试开发部开发出来的软件。企业驻校工程师负责公司的常规发展任务，带头参与项目的研发，同时与教师一起设计课程，并承担一些专业课程的教学工作。校内"软件研发中心"的优秀学生被选拔出来后，能够承担相应的实训课程指导工作。

（2）校内"软件研发中心"管理机制。

完善的管理制度是研发中心平稳有效运行的基本保障。研发中心自成立以来，逐步制定和完善了多项管理规定。所有在研发中心工作的企业驻校员工和学生都需要严格遵守这些管理制度。管理条例中的关键内容如下：

---

① 包汉宗，等. 基于校企共建校内研发中心的软件人才培养模式探索[J]. 铜陵职业技术学院学报，2014，13（03）：3.

员工考勤制度：考勤制度规定了员工上下班时间、请假流程、奖惩办法等，考勤严格按照公司规范执行。"指纹打卡"方法用于记录所有在研发中心工作的公司员工和工作学生的打卡时间。中心报告每周会议的出席情况。

例会制度：例会制度规定研发中心每周五下午上班后召开例会。总结本周完成的工作并安排下周的工作任务。讨论研发中心需要解决的主要问题。

学生"员工"管理办法：包括选拔办法、考核办法、薪酬管理办法等。选拔办法规定了学生进入研发中心实习前的考核办法，包括笔试、面试、录用等环节。学生"员工"管理办法规定了实习期间学生的考核办法，重点考核项目完成的进度、质量和解决问题的能力。根据考核情况进行评分，具体分为实习级、助理工程师级和工程师级。

工资管理办法：规定了实习过程中学生的工资和待遇，工资等级根据考核后的等级来确定。

学分置换管理办法：该办法规定，学生在研发中心实习期间，项目经理将根据已完成项目的技术内容和完成质量进行相应的评估来直接"置换"相应课程的学分。

（3）共同基于真实项目开发课程资源。

在相关课程设计的基础上，结合校内"软件研发中心"的真实项目，开发相关课程资源，包括实验指导书、教案、课件、项目源代码、教学视频等参考资料。并在教学过程中，根据授课效果，不断迭代升级课程资源。

（4）企业驻校工程师参与课堂教学。

对于长期身处高校的专业课教师而言，虽具备较好的课堂表现力，但往往在一定程度上缺乏参与实际软件项目的机会，故在一定程度上存在脱离实际生产环境的问题。而企业驻校工程师由于长期接触软件实践项目，能够向学生输出企业实际工作经验。企业实际项目与课程实际内容结合良好，教学效果提高明显。

（5）每月"技术沙龙"。

企业驻校工程师每月定期给学生进行一次技术分享会。每次的技术分享会，围绕软件实际开发过程中的某一个经典案例来展开，深入介绍软件行业热门技术在生产实践中的应用。技术交流会在一定意义上是一次"培训会"，是开发技术的交流与沟通，尤其是在校内研发中心新生的引导与培训方面，取得了明显成效。

（6）优秀学生参与真实商业项目开发。

由于校内"软件研发中心"开发的软件都是应用于实际生产环境的商用软件，故对软件系统的可用性要求较高。因此商业项目的开发存在一定门槛，对学生的技术能力要求较高。

经过校内"软件研发中心"企业驻校工程师的选拔、培训和考核。优秀的学生可以在企业驻校工程师的指导下参与公司实际项目的开发。每 2 个月，会开通一次晋级通道，学生可提出晋级申请，若通过考核及答辩，则晋级成功。学生的薪资报酬与所处等级直接挂钩。通过对参与过真实商业项目开发的毕业生的走访，我们发现其毕业后基本能直接上手所在公司的软件项目，实现"拿来即用"。

（7）指导学生参与多种竞赛。

"以赛促学"也是人才培养的有效举措。特别是通过软件作品的开发参与竞赛，促进学生实践专业技能提高。在过去几年中，学生们参加了大学生课外软件开发竞赛、华为云软件设计竞赛等诸多赛项。在企业驻校工程师的指导下，学生的许多作品，如教学类比赛网评系统、竞赛登记管理系统屡获佳绩。

5.6　共建混编师资团队

双师型教师是专业建设的保障，是提高教学质量的关键，是高职院校生存和发展的必然要求。以重庆工程职业技术学院为例，毕业后直接任教或从其他高校"跳槽"到我院的老师占了绝大部分比例。从学历和学术能力上看，老师们的水平在年年进步，但从软件开发实践能力上看，我院的薪资待遇对优秀软件工程师的吸引力明显不足。

虽然对专职教师参与专业实践有明确的要求，但专职教师参与企业顶岗实践在一定程度上存在效果不佳的现状，客观上形成了大多数教师工程实践能力较低的现状，使得高职院校的双师型教师队伍建设问题日益严峻。这一问题在短期内难以取得本质突破[①]。

---

① 胡峰，王维平. 校企资源协同体中的混编师资团队建设探索——以"南京信息职业技术学院－中兴信雅达混编师资团队"为例[J]. 工业和信息化教育，2018（10）：13-21，55.

2017 年，重庆工程职业技术学院与重庆南华中天信息技术有限公司、重庆城银科技股份有限公司等合作公司联合组建了"校企混编教师团队"，承担多项企业培训任务和工程项目，以及学院的专业指导、项目开发和课程开发。该团队先后吸收了 30 多名全职讲师参与。其中，重庆工程职业技术学院有 10 多名教师参与，企业有 20 多名优秀的培训师和工程师参与，组成了混合型教师队伍[①]。

1. 专任教师+企业导师

软件类专业"类上班制"人才培养模式整合和优化了校企双方的优势资源，教师资源由校内理论基础好、动手能力强的教师与入驻企业的项目经理、技术骨干组成混编"双师型"教师团队。学校教师同时是企业工程师，企业工程师同时是学校教师，学校学生同时是企业员工，实现三个双身份，形成"企业导师+学业导师+心理导师+科研导师+职业规划导师"多方协同的师资力量。其中，教师队伍中双师素质占专业教师比例为 100%，专任教师队伍 14 人，其中教授 4 人，副教授 6 人，年龄结构合理，平均年龄 38 岁，形成了合理的梯队结构，专任教师均具有高校教师资格，具有软件开发及相关专业研究生及以上学历，具有扎实的本专业相关理论功底和实践能力，具有较强信息化教学能力，能够开展课程教学改革和科学研究，且每 5 年累计不少于 6 个月的企业实践锻炼。企业工程师均具有 5 年及以上项目开发经验，发挥企业和学校双导师作用，能带领学生共同开发项目，全方位指导学生按项目分析、设计、实现、测试、验收等环节完成项目，实现类上班的目的，使学生提前体验工作岗位的责任和分工，不断增强岗位意识，形成岗位精神。

2. 兼职教师

我院同时建有校内外兼职教师资源库，其中校内兼职教师 10 余人，企业实践经验丰富的一线工程师兼职教师 20 余人。兼职教师具备良好的思想政治素质、职业道德和工匠精神，具有扎实的专业知识和丰富的实际工作经验，具有中级及以上相关专业职称，能承担专业课程教学、实习实训指导和学生职业发展规划指导等教学任务。

自"混编师资队伍"成立以来，重庆工程职业技术学院软件技术教学团队参

---

① 胡峰，王维平. 校企资源协同体中的混编师资团队建设探索——以"南京信息职业技术学院－中兴信雅达混编师资团队"为例[J]. 工业和信息化教育，2018（10）：13-21，55.

与了 30 余项软件产品开发和推广。软件类专业课程均由混编师资团队完成讲授；在 2017 至 2021 年间，该团队承担了中高等职业学校和西藏昌都市职业技术学校教师教学能力提升培训等重要的交付任务，真正实现了服务企业和教育，实现了校企双赢。

校企混编型教师团队经过多年的积累和提高，不仅具备了普通高职教师应有的能力，而且突出了较高的专业实践能力和素质。混编型教师具有较好的敬业精神、专业知识和实践能力，也具备将行业知识融入教学过程的能力。混编型教师还可以根据社会需求、行业分析、技术更新等情况及时调整和改变教学内容和教学方法，以此提升对学生实践能力的辅助效果。

第 6 章 高职软件类专业培养路径构建

6.1 培养路径构建思路

高等职业教育作为我国高等教育的一个类型，在我国高等教育中占有半壁江山，其在校生规模超过在校本科生规模。近年来，我国高等职业教育取得长足发展，培养了大规模的技能人才，为我国经济发展、促进就业和改善民生作出了不可替代的贡献。十九大以来，我国高等职业教育得到了党和国家领导人的高度重视，职业教育迎来了发展的春天。2021 年全国职业教育大会，习近平总书记对职业教育工作作出重要指示。他强调，在全面建设社会主义现代化国家新征程中，职业教育前途广阔、大有可为，要坚持党的领导，坚持正确办学方向，坚持立德树人，优化职业教育类型定位，深化产教融合、校企合作，深入推进育人方式、办学模式、管理体制、保障机制改革，稳步发展职业本科教育，建设一批高水平职业院校和专业，推动职普融通，增强职业教育适应性，加快构建现代职业教育体系，培养更多高素质技术技能人才、能工巧匠、大国工匠。李克强总理强调职业教育是培养技术技能人才、促进就业创业创新、推动中国制造和服务上水平的重要基础，探索中国特色学徒制，注重学生工匠精神和精益求精习惯的养成，努力培养数以亿计的高素质技术技能人才，为全面建设社会主义现代化国家提供坚实的支撑。在国家的高度重视和多年的改革发展下我国高等教育取得了长足发展，尤其是高等职业教育取得了一些成果，为社会经济发展作出了贡献，但因种种原因，社会对我国高等职业教育的认可度、认同度不高，家长不愿意把孩子送到职业学校；企事业单位认为学校培养的学生和企业的要求有较大差距，同时企事业单位对职业教育学生有偏见等。出现上述现象的原因主要有以下几个方面：

第一，大众认可度低，高等职业教育处境显尴尬。尽管国家高度重视技能型人才的培养，但职业教育的吸引力仍显不足；职业院校毕业生更容易找工作，但工资起薪明显比本科毕业生低；"职校低人一等""社会地位低""职校学风不好"等这些观念似乎已经成为大家的共识。

第二，师资队伍实力不强。由于教师教学工作量大，技术更新频率快，教师不能第一时间掌握到该领域的最新知识；教师参与社会实际项目机会少，教师本身的实践动手能力欠佳。

第三，缺乏企业真正参与。尽管一直都在提倡政府引导、校企合作、工学结合的办学模式，但事实上企业在人才培养过程中并没有得到益处，导致政府的引导力度不够，企业也不愿意真正参与到校企合作中来，校企合作就成了空谈。实际上学生在校的学习几乎全由学校负责，缺乏企业的参与，这势必影响学生对自己未来就业前景和从事工作岗位的了解，以及对相关工作岗位的了解，导致出现学生对专业学习不感兴趣，学习无目标的现象。最终造成学生毕业后找不到工作，企业招不到合适人才的尴尬局面。

第四，在社会各行业岗位中领军人物缺乏。尽管我国高等职业教育培养了大量的技术技能型人才，但在各行各业领军人物中是职教出生的人微乎其微，这是导致我国职业教育社会认可度不高的重要因素之一。

经过多年发展，我国高等职业教育在各方面取得了大量成果。今天，我国正从人才大国向人才强国转变，同时职业教育发展已经上升到国家战略层面。因此，高等职业教育作为我国高技能人才培养的重要机构，在大量分析西方国家先进职业教育经验的基础上，结合我国国情，探索高等职业院校卓越技术技能人才培养模式改革试点，推动我国高等职业教育又好又快发展势在必行。

培养路径构建规律主要体现在如下三个方面：

（1）遵循高等职业院校人才培养的目标，为行业企业培养具有"素养+技能+创新"的卓越技术技能型人才。

（2）遵循高技能人才培养应以动手实践教学来提高学生的实践动手能力的规律。

（3）坚持以学生发展为中心的原则，主动适应人才培养的需求，树立科学成才观念，坚持立德树人教育理念和因材施教的教育原则，着力培养学生的学习能力、创新能力、实践能力、交流能力和社会适应能力。

学校与中国科学院重庆南华中天信息技术有限公司、重庆城银科技股份有限公司等公司联合开展软件技术卓越人才培养，促进学生个性发展和差异发展，面向产业高端和高端产业，培养岗位技能精、职业素养高、创新意识强，能够在各级各类专业技能竞赛、创新创业大赛、科学研究和技术服务中取得突出成绩的创新型卓越技术技能人才，提升软件类专业学生"敏于发现问题，敢于触碰问题，善于解决问题"的能力，使入选该计划的学生毕业后成为行业精英和企业技术骨干，旨在为我国高等职业教育培养卓越技术技能人才提供范式。

培养路径的构建主要从以下几个方面入手：

（1）卓越人才培养标准。要培养卓越人才，首先需要确定高职院校卓越人才培养标准是什么。通过深入行业、企业和市内高职院校调研，制定符合行业企业标准和高职院校实际情况的卓越人才标准。

（2）校企合作机制。引小微企业入校，提供完备办公条件或建立研发中心。学校充分发挥资源优势，为企业推介包括学校自身、兄弟院校、职教集团成员单位、已有大中型企业合作基础、地方政府等商业资源，入驻企业按照高职学生人才培养模式要求，为学生提供真实企业项目，让学生深度参与项目开发、研制、测试和运营的商业环节。

（3）课程体系。由企业方根据行业人力资源需求和企业人才培养模式，联合学校并结合国家教学规范要求和重庆工程职业技术学院的发展特色，制定"卓越班"人才培养方案及专业授课计划。

（4）班级教学。为学生搭建集教、学、做、服一体的学习与工作场景，固定工位和学习场所，执行类似企业员工上班的作息时间，组建优秀教师团队承担日常教学工作，结合创新创业项目、现代学徒制项目、协同创新中心项目、工作室项目、社会服务项目、技术研发项目、深度校企合作项目、大师工作室项目、技能大赛训练项目等各类项目编制针对性、个性化的"卓越班"人才培养方案。

6.2　高职软件类专业高层次技术技能人才内涵

深入走访用人单位，调研软件类专业岗位群，确立了素养、技能和创新的内涵，确定软件类专业卓越技术技能人才应同时具备"职业素养高、岗位技能精、创新能力强"三个特征。其一，定义"素养"内涵，即"一个认同、三个能力、五个意识"，一个认同指专业认同感，三个能力指自制能力、继续学习能力和沟通能力，五个意识指质量意识、责任意识、团队意识、安全意识和创新意识。其二，定义"技能"内涵，即与岗位关联的专业技能，包含初级、中级、高级三个层次。其三，定义"创新"内涵，即与岗位关联的创新思维，包含创新精神、创新意识和创新能力三个层次，创新精神在初级阶段培养，创新意识在中级阶段培养，创新能力在高级阶段培养。

职业素养在学生职业发展中占据重要地位，决定着学生在专业道路上能走多远，岗位技能精和创新能力强是职业素养高的外在表现，职业素养高是岗位技能精和创新能力强的内在动力，岗位技能精能够促进创新能力强，创新能力强反过来可反哺岗位技能精，两者相互促进，共同发展。

6.3 构建"分层、分类、分段"培养方法

充分考虑学生所学课程多样性、学生志趣差异性，形成了"分层、分类、分段"的三分培养体系，有效解决学生职业技能与岗位工作任务不适应的问题。

1. 分层

层次一为初级层面，要求学生通过公共课、专业基础课和专业方向导引课的考核；层次二为中级层面，要求学生通过课程包的考核；层次三为高级层面，要求学生在技能比赛中取得国赛二等奖以上或作为项目组长带领团队实现单个项目产值10万元以上。提供技能比赛工作室和导师工作室两种进阶平台。技能比赛工作室依托全国职业院校技能大赛平台，以训练学生专业技能为导向，充分发挥协办企业和学校优势资源，以企业为主导，共同制定训练方案和培训标准，表现优异学生可通过比赛成绩实现学分替换。导师工作室依托合作企业，以项目（包括学习型项目、技术服务项目和科研项目）为驱动，发挥企业导师和学校导师双导师作用，指导学生按项目分析、设计、实现、测试和验收等环节完成项目，训练学生分析和解决问题的能力，表现优异的学生可实现以项目成绩替换课程学分，两种进阶平台可实现交叉和并列选择。

2. 分类

分类体现为课程包的类别，比如前端软件开发课程包、后端软件开发课程包等。深入企业充分调研专业对应岗位，根据岗位技能要求制定个性化课程包、优化人才培养方案，学生根据自身志趣偏好，可选择不同的课程包和人才培养方案。

3. 分段

第一阶段为1~2学期，进行公共课和专业基础课授课，按企业办公环境建设"教、学、做、思"一体化教室，采用类上班制度，定点定时考勤打卡，每位学生固定工位，配备网络，除涉及学校公共课外，其他学习环节均在一体化教室完成，学习过程中通过实施严格考核机制，增强学生紧迫感，引导学生化压力为动力，持续提高自身技能；第二阶段为2~3学期，进行专业基础课和专业方向导引课授课，此阶段为承上启下的作用，承上体现在第一阶段为第二阶段的实施做好准备，启下体现在第二阶段为第三阶段的实施做好铺垫；第三阶段为4~6学期，考虑学生所学课程的多样性，根据岗位将课程划分为不同的课程包，所有学生均须根据自身情况选择课程包进行学习，部分学生可选择技能比赛工作室和导师工作室两个进阶平台。

6.4 构建"分模块、个性化"课程体系

依据软件类专业人才标准内涵，建构了课内和课外两个层面的贯通培养。其一，建构"三课一会"课内贯通培养体系。打造"公共课+选修课+专业课+主题班会"课程体系，成立"企业导师+学业导师+心理导师+科研导师+职业规划导师"师资队伍，导师团队包含企业驻学校办事处的全职教师和校企合作中的企业兼职教师、校内全职教师和兼职教师、校外聘请的专业心理咨询师。企业导师、学业导师、心理导师、科研导师教授公共课、选修课和专业课，职业规划导师负责主题班会和选修课，全方位、多角度培养学生职业素养。其二，建构"双文化"课外贯通培养体系。打造"企业文化+校园文化"双文化培养体系，定期邀请企业家、行业精英、科学家和优秀校友进校园，与学生面对面交流，明确企业用人标准、行业发展趋势、产业前沿理论和人才发展路径，增强学生专业认同感；成立卓越班，每位学生拥有独立工位，实施类上班制度，定点定时考勤打卡，任

务式教学，分小组讨论，将企业文化真正落地；举办丰富多彩的校园文化活动，如公寓文化节、暑期三下乡社会实践、四点半课堂等，培育学生社会责任感和团队协作能力。

2021 年人才培养方案如下所示。

一、专业名称及代码

专业名称：软件技术

专业代码：510203

二、学制及修业年限

学制 3 年，弹性修业年限 3～5 年。

三、入学要求

普通高中毕业、中等职业学校毕业或具有同等学历。

四、职业面向

表 6.1　软件技术专业就业面向一览表

所属专业大类（代码）	专业（代码）	对应行业（代码）	主要职业类别（代码）	主要岗位类别（或技术领域）	职业技能等级（职业资格）证书举例	置换课程
电子信息大类（51）	计算机类（5102）	软件和信息技术服务业（65）	计算机软件工程技术人员(2-02-10-03)；计算机程序设计员(4-04-05-01)；计算机软件测试员(4-04-05-02)	软件开发软件测试Web 前端开发软件技术支持	1+X Java Web 应用开发初级、中级和高级1+X 移动应用开发初级、中级和高级程序员、软件设计师1+X Web 前端开发初级、中级和高级	1+X Java Web 应用开发：Java Web 应用开发、Java EE 企业级应用开发、Web 项目实战等课程1+X 移动应用开发：Android 应用开发、Web 前端开发程序员、软件设计师：软件测试、软件工程、Java 程序设计等课程1+X Web 前端开发：Web 前端开发、uni-app 应用开发等课程

表 6.2　软件技术专业面向岗位能力分析及典型工作任务表

序号	岗位名称	岗位能力要求	典型工作任务	工作过程
1	软件开发	掌握 Spring、SpringMVC 和 Mybatis 等常用框架	需求分析、系统设计、编码实现等	分析用户需求，形成文档，基于需求，对系统进行设计，最后编码实现
2	软件测试	掌握常用测试方法与工具、熟练编写测试用例等	黑盒测试、白盒测试、编写测试用例等	使用适合方法测试软件系统
3	Web 前端开发	掌握 HTML 、 CSS 、 JavaScript、Vue 等技术	编写界面、美化界面、与服务器交互数据等	根据 UI 编写界面并美化，展示服务器数据等
4	软件技术支持	掌握常用操作系统及命令、会编写脚本、对软件产品进行维护	编写基本、维护软件产品等	对软件产品进行安装与维护等

五、培养目标与培养规格

（一）人才培养目标

本专业培养适应现代信息化发展、直接与企业需求接轨，拥护党的基本路线，热爱祖国，德、智、体、美、劳全面发展，具有良好的人文素养、职业道德和创新意识、精益求精的工匠精神，较强的就业能力和可持续发展能力，掌握本专业知识和技术技能，面向重庆和西部地区的软件和信息服务业的计算机工程技术人员、计算机程序设计员、计算机软件测试员等职业群，能够从事软件开发、Web 前端开发、软件测试、软件编码、软件支持等工作的职业素养高、岗位技能精、创新能力强的高水平技术技能人才。

表 6.3　软件技术专业人才培养目标

编号	具体内容
A	具有良好的人文素养、职业道德、创新意识和精益求精的工匠精神
B	能适应软件和信息服务行业需要，从事软件开发、Web 前端开发、软件测试、软件编码、软件支持等工作，为经济社会发展贡献力量
C	能熟练运用软件知识和软件技术技能解决软件项目开发中的实际问题
D	具有团队意识和集体意识，注重在团队中的沟通、协作、领导作用
E	具有较强的就业能力、可持续发展能力和终身学习的意识

（二）人才培养规格

表 6.4　软件技术专业人才培养规格

能力类别	要求
职业素质	1．践行社会主义核心价值观，牢固树立对中国特色社会主义的思想认同、政治认同、理论认同和情感认同具有深厚的爱国情感和中华民族自豪感； 2．崇尚宪法、遵法守纪、诚实守信、尊重生命、热爱劳动，履行道德准则和行为规范，具有社会责任感和社会参与意识； 3．遵守职业规范，具有良好的专业精神、职业精神、工匠精神、质量意识、信息素养和创新思维； 4．勇于奋斗、乐观向上，具有自主学习、自主管理、自主发展能力和职业生涯规划意识，有集体荣誉感和团队合作精神； 5．身心健康、具有良好的审美情趣； 6．具有一定的系统思维、设计思维和工程理念； 7．具有一定的创意、创新和创业能力
通用能力	1．具有较强的问题分析与解决能力； 2．具有较强的表达与沟通能力、团队合作能力； 3．具备创新创业与职业生涯规划能力、终身学习与专业发展能力
知识和技能	1．掌握面向对象程序设计、数据库设计与应用的技术与方法等专业基础知识； 2．掌握 Web 前端开发及 UI 设计的方法、Java 开发平台相关知识； 3．掌握软件工程规范、测试技术和方法、软件项目开发与管理知识，了解软件开发相关国家标准和国际标准； 4．具备计算机软硬件系统安装、调试、维护能力，能利用 Java 等编程实现简单算法的能力； 5．具有数据库设计、应用、管理能力，软件界面设计能力、桌面应用程序和 Web 应用程序开发能力，初步具备企业级应用系统开发能力； 6．具有软件测试、项目文档撰写、售前售后技术支持能力

表 6.5　软件技术专业达成毕业能力要求及指标点

编号	毕业能力要求	毕业能力要求指标点	毕业能力要求指标点编号	支撑培养目标编号
1	爱党爱国，遵纪守法，形成诚实守信、爱岗敬业、精益求精、实事求是的品德	1．坚定拥护中国共产党领导和我国社会主义制度，在习近平新时代中国特色社会主义思想指引下，践行社会主义核心价值观，具有深厚的爱国情感和中华民族自豪感	1.1	A

续表

编号	毕业能力要求	毕业能力要求指标点	毕业能力要求指标点编号	支撑培养目标编号
1		2. 崇尚宪法、遵纪守法、崇尚向善、诚实守信、热爱劳动、履行道德标准和行为规范，具有社会责任感和社会参与意识	1.2	A
2	具有创新意识等工匠精神，增强自我管理能力，能够不断自主学习，更新和丰富学识，具有终身学习的意识和较强的团队、集体合作意识	1. 具有质量意识、环保意识、安全意识、信息素养、工匠精神、创新思维、全球视野	2.1	C
		2. 勇于奋斗、乐观向上，具有自我管理能力、职业生涯规划的意识	2.2	E
		3. 团队精神与沟通能力（与他人良好的沟通交流、协作配合密切、有大局意识，与人和睦相处）	2.3	D
3	具有健康的体魄、心理和健全的人格，养成好习惯，具有一定审美和人文素养，形成1-2项特长或爱好	1. 具有健康的体魄、心理和健全的人格，掌握基本运动知识和1～2项运动技能，养成良好的健身与卫生习惯，以及良好的行为习惯	3.1	E
		2. 具有一定的审美情趣、人文素养、科学素养，能够形成1～2项艺术特长或爱好	3.2	A
4	掌握必备的思想政治理论、科学文化通用知识、本专业的法律法规和环境保护、安全消防等知识	1. 掌握必备的思想政治理论、科学文化基础知识和中华优秀传统文化知识	4.1	A
		2. 熟悉与本专业相关的法律法规以及环境保护、安全消防、文明生产等知识	4.2	A
5	掌握面向对象程序设计、数据库设计与应用的技术与方法等专业基础知识	1. 掌握面向对象程序设计的编程思想和基础知识	5.1	B
		2. 掌握数据库设计与应用的技术和方法	5.2	B
6	掌握Web前端开发及UI设计的方法、Java开发平台相关知识	1. 掌握Web前端开发及UI设计的方法	6.1	B
		2. 掌握Java等主流软件开发平台相关知识	6.2	B

编号	毕业能力要求	毕业能力要求指标点	毕业能力要求指标点编号	支撑培养目标编号
7	掌握软件工程规范、测试技术和方法、软件项目开发与管理知识，了解软件开发相关国家标准和国际标准	1. 掌握软件测试技术和方法	7.1	B
		2. 了解软件项目开发与管理知识	7.2	B
		3. 了解软件开发相关国家标准和国际标准	7.3	B
8	具有良好的语言、文字表达和沟通能力，良好的团队合作与抗压能力	1. 具有良好的语言、文字表达能力和沟通能力	8.1	D
		2. 具有良好的团队合作与抗压能力	8.2	D
9	具有较强的分析和解决问题能力，探究学习、终身学习能力	具有探究学习、终身学习、分析问题和解决问题的能力	9.1	E
10	具备计算机软硬件系统安装、调试、维护能力，能利用 Java 等编程实现简单算法的能力	1. 具有阅读并正确理解软件需求分析报告和项目建设方案的能力	10.1	C
		2. 具有计算机软硬件系统安装、调试、维护的实践能力	10.2	B
		3. 具有简单算法的分析与设计能力，并能用 Java 编程实现	10.3	C
11	具有数据库设计、应用、管理能力，软件界面设计能力、桌面应用程序和 Web 应用程序开发能力，初步具备企业级应用系统开发能力	1. 具有数据库设计、应用与管理能力	11.1	B
		2. 具有软件界面设计能力	11.2	B
		3. 具有桌面应用程序及 Web 应用程序开发能力，初步具备企业级应用系统开发能力	11.3	B
12	具有软件测试、项目文档撰写、售前售后技术支持能力	1. 具有软件项目文档的撰写能力	12.1	B
		2. 具有软件的售后技术支持能力	12.2	B

六、课程设置及要求

（一）课程体系矩阵

表 6.6　软件技术专业课程体系矩阵

模块名称		专业
公共素质拓展模块		信息技术模块、专升本模块、创新创业模块、传统文化模块等
专业方向模块	前端开发模块	T
	智慧安防数据处理模块	T
	后端开发模块	B
	测试运维模块	B
专业基础平台		Java 基础编程、信息技术导论、计算机组装与服务器配置、Java 程序设计、数据库技术、Android 应用开发、职业素养、Java 程序设计实训、Java EE 企业级应用开发实训、Web 项目实训、综合实习、顶岗实习、毕业设计
公共基础平台		形势与政策、思想道德修养与法律基础I、思想道德修养与法律基础II、毛泽东思想和中国特色社会主义理论体系概论I、毛泽东思想和中国特色社会主义理论体系概论II、大学生心理健康教育、创新思维教育、创业基础训练、公共体育I、公共体育II、公共体育III、军事理论、军事技能、大学生职业生涯规划、就业指导、专业导论、入学教育、毕业教育、劳动实践、大学语文、应用文写作、一元函数微分学、一元函数积分学、大学生音乐素养

注：专业方向模块中，各个专业对应的必修模块填 B，拓展模块填 T（至少 3 门）。

（二）专业模块课程设置

表 6.7　软件技术专业模块设置表（岗课赛证融通）

序号	职业岗位能力模块	课程名称	职业技能（资格）等级证书	技能大赛
1	前端开发模块	Web 前端开发	1+X Web 前端开发初级、中级和高级	Web 前端开发、移动应用开发
2		uni-app 应用开发		
3	智慧安防数据处理模块	大数据可视化技术	1+X Python 程序开发初级、中级和高级	Python 编程
4		Python 数据分析与应用		

续表

序号	职业岗位能力模块	课程名称	职业技能（资格）等级证书	技能大赛
5	后端开发模块	Java Web 应用开发	1+X Java Web 应用开发初级、中级和高级程序员、软件设计师	商务软件解决方案
6		Java EE 企业级应用开发		
7		Web 项目实战		
8	测试运维模块	软件测试	1+X 软件测试技术初级、中级和高级	软件测试、Python编程
9		软件工程		
10		Python 基础开发		

注：前端开发、智慧安防数据处理、后端开发和测试运维四个模块之间没有先后关系。

（三）课程描述

1. 专业基础课程描述

表 6.8　软件技术专业基础课程描述

序号	课程名称	课程目标与教学内容	教学建议与说明
1	Java 基础编程	课程目标：通过本课程的学习，使学生掌握 Java 程序的编写及调试方法与技巧。培养学生严谨的程序设计思想、灵活的思维方式及较强的动手编程调试能力。初步掌握软件的设计和开发手段，具有应用 Java 语言解决实际问题的能力。为后续专业课程的学习打下扎实的理论和实践基础。 教学内容：对计算机语言和结构化程序设计有基本的认识；掌握 Java 语言的总体结构、各种数据类型、运算符、表达式；熟悉 Java 语言程序结构化程序设计的方法和步骤；掌握数组和函数的概念和用法	以企业真实项目为主线，采用任务驱动教学，项目案例教学法，让学生熟悉企业项目开发流程，注重提升学生主观能动意识、沟通协作意识、创新意识、质量意识、团队意识，培养吃苦耐劳的工匠精神
2	信息技术导论	课程目标：使学生了解人工智能、大数据、软件技术等前沿技术。 教学内容：人工智能、大数据、软件技术概论	以企业真实项目为主线，采用任务驱动教学，项目案例教学法，让学生熟悉企业项目开发流程，注重提升学生主观能动意识、沟通协作意识、创新意识、质量意识、团队意识，培养吃苦耐劳的工匠精神

续表

序号	课程名称	课程目标与教学内容	教学建议与说明
3	Java 程序设计	课程目标：培养学生熟练使用 OO 思想编写 Java 程序，能运用继承和接口编程，能处理异常，能进行基本的多线程、数据库编程，能熟练地使用 Java 实现控制台程序和 GUI 程序，初步掌握面向对象的编程能力。 教学内容：面向对象概念、类和对象、继承、多态、抽象和接口、集合；GUI 编程、输入输出流与异常处理、JDBC 数据库编程、多线程等	以企业真实项目为主线，采用任务驱动教学，项目案例教学法，让学生熟悉企业项目开发流程，注重提升学生主观能动意识、沟通协作意识、创新意识、质量意识、团队意识，培养吃苦耐劳的工匠精神
4	数据库技术	课程目标：培养学生对 MySQL 数据库进行日常管理与维护；创建和管理数据库和数据库对象；保证数据完整性和数据安全性；能根据需要对数据进行增、删、改、查操作；会安装和配置 MySQL 数据库；能进行简单的备份和还原操作、数据的导入与导出操作。 教学内容：MySQL 数据库管理系统的安装与配置、数据库和表的创建、数据完整性、数据的增删改查操作、查询和视图、数据统计、索引、存储过程和触发器、数据的导入和导出、数据库的备份和还原、设置或更改数据库用户或角色权限等	以企业真实项目为主线，采用任务驱动教学，项目案例教学法，让学生熟悉企业项目开发流程，注重提升学生主观能动意识、沟通协作意识、创新意识、质量意识、团队意识，培养吃苦耐劳的工匠精神
5	计算机组装与服务器配置	课程目标：了解计算机各部件的类型、性能和组成；掌握计算机各部件的选购、安装方法；了解微型计算机系统的设置、调试、优化及升级方法；了解微机系统常见故障形成的原因及处理方法；了解 JDK、Tomcat 服务器、IIS 服务器的安装与配置。 教学内容：识别微型计算机各部件的作用与结构；掌握硬盘分区及格式化；安装系统软件和常用应用软件；掌握系统克隆软件的使用；熟悉系统性能测试和优化；掌握计算机系统的常见故障及维修；常用数据库的安装与配置；熟练掌握 JDK 的安装与配置；掌握 Tomcat 服务器或 Apache 服务器的搭建与配置；掌握 IIS 服务器的搭建与配置	以企业真实项目为主线，采用任务驱动教学，项目案例教学法，让学生熟悉企业项目开发流程，注重提升学生主观能动意识、沟通协作意识、创新意识、质量意识、团队意识，培养吃苦耐劳的工匠精神
6	Android 应用开发	课程目标：培养学生熟练搭建 Android 开发平台，熟练使用各个常用的开发工具，深入学习 Android UI 界面设计，熟练使用 Android 的框架和常用控件，熟练掌握 Android 中的四大组件，能够开发简单的 APP 应用程序。 教学内容：Android 开发平台、四大布局、常用控件、四大组件、文件访问、XML 解析等	以企业真实项目为主线，采用任务驱动教学，项目案例教学法，让学生熟悉企业项目开发流程，注重提升学生主观能动意识、沟通协作意识、创新意识、质量意识、团队意识，培养吃苦耐劳的工匠精神

续表

序号	课程名称	课程目标与教学内容	教学建议与说明
7	职业素养	课程目标：培养入职前的职业素养、增强学生的企业文化认知、保持较高的忠诚度、遵守国家法律法规和企业规章制度、培养较高的待人接物技巧。 教学内容：职业素养组成、企业文化认知、企业忠诚度分析、国家法规和企业规章制度、待人接物技巧	企业文化、忠诚度、遵纪守法、待人接物
8	Java 程序设计实训	课程目标：使学生掌握面向对象的概念，能正确运行面向对象编程思维和技术，运用类、继承、抽象、接口、封装、集合、数据库编程等知识点，完成一个 GUI 界面或控制台界面的管理系统。 教学内容：运用面向对象编程思想和规范完成某一小型软件项目，包含需求分析、数据库设计、流程图、模块划分、程序设计等	以企业真实项目为主线，采用任务驱动教学，项目案例教学法，让学生熟悉企业项目开发流程，注重提升学生主观能动意识、沟通协作意识、创新意识、质量意识、团队意识，培养吃苦耐劳的工匠精神
9	Java EE 企业级应用开发实训	课程目标：掌握使用 SSM 框架整合，使用 Spring MVC、Spring、MyBatis 实现 MVC 结构开发出一个完整的 Web 项目。 教学内容：EL 表达式、JSTL 表达式、正则表达式、XML 数据解析、JSON 数据解析、Spring MVC 表现与控制层、Spring AOP、Spring IOC、Spring 事务控制、MyBatis 持久层、SSM 整合	以企业真实项目为主线，采用任务驱动教学，项目案例教学法，让学生熟悉企业项目开发流程，注重提升学生主观能动意识、沟通协作意识、创新意识、质量意识、团队意识，培养吃苦耐劳的工匠精神
10	Web 项目实训	课程目标：使学生掌握 SpringBoot 框架、第三方常用技术等知识点，完成一个后台管理系统。 教学内容：运用 SpringBoot 结合第三方技术，实现系统后台开发	以企业真实项目为主线，采用任务驱动教学，项目案例教学法，让学生熟悉企业项目开发流程，注重提升学生主观能动意识、沟通协作意识、创新意识、质量意识、团队意识，培养吃苦耐劳的工匠精神
11	综合实习	课程目标：提高运用软件技术完成软件设计、实现模拟项目或真实项目各个模块功能，提高项目开发的综合能力。 教学内容：以教师布置的真实工作任务案例为基础，完成需求分析、数据库设计、界面交互设计、后台逻辑和功能实现等一套完整的项目开发过程	采用线上和实地指导的形式，跟踪学生的就业状态和工作安全情况，督促学生完成实习任务

序号	课程名称	课程目标与教学内容	教学建议与说明
12	岗位实习	课程目标：结合企业岗位要求，认真履行好顶岗职责，认真完成企业布置的任务，并按时撰写顶岗实习联系表，顶岗实习日志等相关资料。 教学内容：学生完成在企业顶岗实习的岗位工作任务，完成好顶岗实习要求填写的资料	指导老师认真指导学生，设计报告至少指导 3 遍
13	毕业设计	课程目标：结合企业岗位要求，运用所学知识和技术完成一个具体项目的设计和实现，培养学生开发项目的能力，同时增强学生的创新能力和创新意识，并按要求撰写毕业设计报告。 教学内容：学生完成一个较为完整的毕业设计，并按要求撰写毕业设计报告	采用线上和实地指导的形式，跟踪学生的就业状态和工作安全情况，督促学生完成实习任务

2. 专业核心课程描述

表 6.9　软件技术专业核心课程描述

序号	模块名称	课程名称	课程目标与教学内容	教学建议与说明
1	后端开发模块	Java Web 应用开发	课程目标：培养学生能运用 JSP 动态网页技术进行基本的 Web 应用程序开发的能力。 教学内容：网络编程、Java Web 环境搭建、JSP 语法与内置对象、JavaBean、JDBC、Servlet 入门与配置、Servlet API、JSP 开发模式、应用 Java Web 开发 B/S 应用系统的技术	以企业真实项目为主线，采用任务驱动教学，项目案例教学法，让学生熟悉企业项目开发流程，注重提升学生主观能动意识、沟通协作意识、创新意识、质量意识、团队意识，培养吃苦耐劳的工匠精神
2	后端开发模块	Java EE 企业级应用开发	课程目标：培养学生能运用 Spring、Spring MVC 和 MyBatis 进行框架整合，能应用 Java EE 开发企业级应用系统。 教学内容：Spring 原理与配置、IOC 技术、AOP 技术、Spring MVC 入门与配置、处理器、处理器适配器等、MyBatis 入门与配置、MyBatis 映射高级特性、SSM 框架整合方法、Java EE 企业级开发应用系统的技术	以企业真实项目为主线，采用任务驱动教学，项目案例教学法，让学生熟悉企业项目开发流程，注重提升学生主观能动意识、沟通协作意识、创新意识、质量意识、团队意识，培养吃苦耐劳的工匠精神

续表

序号	模块名称	课程名称	课程目标与教学内容	教学建议与说明
3	后端开发模块	Web 项目实战	课程目标：培养学生熟练掌握 Spring MVC 技术、Spring 技术和 MyBatis 技术整合的——SSM 框架，即使用 Spring MVC+Spring+MyBatis 框架，掌握项目开发的全过程，并开发 1～2 套较完整的企业级 Web 应用项目。 教学内容：需求分析、软件系统架构、界面设计、数据库设计、详细设计、代码规范与优化、单元测试、系统测试、部署与安装；使用 Spring MVC 框架搭建项目的 MVC 结构；使用 MyBatis 框架实现数据处理和数据库关联操作；使用 Spring 框架实现对象管理；SSH 项目实战	以企业真实项目为主线，采用任务驱动教学，项目案例教学法，让学生熟悉企业项目开发流程，注重提升学生主观能动意识、沟通协作意识、创新意识、质量意识、团队意识，培养吃苦耐劳的工匠精神
4	测试运维模块	软件测试	课程目标：培养学生在认知和实际操作上，对白盒测试、黑盒测试、自动化功能测试与性能测试的基本职业技能，为今后从事软件测试工作奠定良好的基础。 教学内容：软件测试基础知识、黑盒测试、白盒测试、自动化功能测试工具 QTP、自动化性能测试工具 Loadrunner 等	以企业真实项目为主线，采用任务驱动教学，项目案例教学法，让学生熟悉企业项目开发流程，注重提升学生主观能动意识、沟通协作意识、创新意识、质量意识、团队意识，培养吃苦耐劳的工匠精神
5	测试运维模块	软件工程	课程目标：培养学生运用软件工程原理进行软件需求分析与设计的能力，能正确编写软件需求说明书、概要设计说明书、详细设计说明书等文档。 教学内容：软件工程基础知识、软件需求分析、软件设计与编码、软件测试与维护	以企业真实项目为主线，采用任务驱动教学，项目案例教学法，让学生熟悉企业项目开发流程，注重提升学生主观能动意识、沟通协作意识、创新意识、质量意识、团队意识，培养吃苦耐劳的工匠精神
6	测试运维模块	Python 基础开发	课程目标：培养学生掌握 Python 的安装和配置、集成开发环境；会使用 Python 开发简单的程序，使用 Python 实现网络爬虫、绘图等功能。 教学内容：Python 的数据类型、分支语句、循环语句；掌握函数的基本使用，模块的使用，列表，元组，字典三种高级变量，字符串的常用操作，面向对象操作，绘图操作，网络爬虫等	以企业真实项目为主线，采用任务驱动教学，项目案例教学法，让学生熟悉企业项目开发流程，注重提升学生主观能动意识、沟通协作意识、创新意识、质量意识、团队意识，培养吃苦耐劳的工匠精神

七、教学进程总体安排

（一）进程安排

表 6.10　软件技术专业教学进程表

学年	学期	周数																				
		1	2	3	4	5	6	7	8	9	10	11	12	13	14	15	16	17	18	19	20	21
一	1			≠	≠	≠	◎	—	—	—	—	—	—	—	—	—	—	—	—	—	—	：
	2	◇	—	—	—	—	—	—	—	—	—	—	—	—	—	—	—	—	▲	＋	＋	：
二	3	◇	—	—	—	—	—	—	—	—	—	—	—	—	—	—	—	—	＋	＋	＋	：
	4	◇	—	—	—	—	—	—	—	—	▲	＋	＋	＋	＋	＋	＋	＋	＋	＋	＋	：
三	5	◇	—	—	—	—	—	—	—	—	—	—	—	—	★	★	★	★	★	★	★	：
	6	◎	※	※	※	※	※	※	※	※	※	※	※	※	※	○	○	○	○	#		
符号		≠入学教育及军训　—理论教学　▲劳动实践　＋校内实训（含课程设计）○毕业设计（论文）◎创新创业及社会实践⊕识岗实习★跟岗实习※顶岗实习：考试　#毕业教育◇社会实践成果展示周																				

（二）课程设置及教学计划

表 6.11　软件技术专业必修课程设置及教学计划表

序号	课程代码	课程名称	归属模块	课程性质	课程类型	开课院部	学分	周学时	总学时	讲课学时	实践学时	考试考查	周数	实践起止周	备注
1	70000040	形势与政策	公共基础平台模块	A	公共基础必修课	马克思主义学院	1		32	32	0	考查			
2	70000001	思想道德修养与法律基础I	公共基础平台模块	B	公共基础必修课	马克思主义学院	1.5		22	18	4	考查			
3	70000003	毛泽东思想和中国特色社会主义理论体系概论I	公共基础平台模块	B	公共基础必修课	马克思主义学院	2		28	24	4	考查			

续表

序号	课程代码	课程名称	归属模块	课程性质	课程类型	开课院部	学分	周学时	总学时	讲课学时	实践学时	考试考查	周数	实践起止周	备注
4	70000170	创新思维教育	公共基础平台模块	B	公共基础必修课	创新创业学院	1		16	12	4	考查			
5	70000013	公共体育I	公共基础平台模块	B	公共基础必修课	体育与国防教学部	1		36	18	18	考试			
6	70000100	军事理论	公共基础平台模块	A	公共基础必修课	体育与国防教学部	2		36	36		考查			
7	70000165	军事技能	公共基础平台模块	C	公共基础必修课	学工部、武装部	2		56		56	考查		3-4	
8	70000024	大学生职业生涯规划	公共基础平台模块	A	公共基础必修课	招生与就业指导处	1		16	16		考查			
9	70000017	专业导论	公共基础平台模块	A	公共基础必修课	大数据学院	0.5		8	8		考查		6-6	
10	70000159	入学教育	公共基础平台模块	C	公共基础必修课	大数据学院	1					考查		5-5	
11	70000172	职场通用英语I	公共基础平台模块	B	公共基础必修课	通识教育学院	4		64	32	32	考试			
12	70000028	一元函数微分学	公共基础平台模块	A	公共基础必修课	通识教育学院	2		32	32		考试			
13	32093101	Java 基础编程	专业基础平台模块	B	专业基础必修课	大数据学院	3	4	48	24	24	考查			7-18
14	70000175	信息技术	公共基础平台模块	B	公共基础必修课	大数据学院	3	4	48	32	16	考查			7-18
15	32003002	信息技术导论	专业基础平台模块	B	专业基础必修课	大数据学院	2	4	32	32	0	考查			13-20
		第一学期小计					27	12	474	316	158				
1	70000002	思想道德修养与法律基础II	公共基础平台模块	B	公共基础必修课	马克思主义学院	1.5		26	22	4	考查			
2	70000004	毛泽东思想和中国特色社会主义理论体系概论II	公共基础平台模块	B	公共基础必修课	马克思主义学院	2		36	32	4	考试			
3	70000005	大学生心理健康教育	公共基础平台模块	A	公共基础必修课	通识教育学院	2		32	32	0	考查			

续表

序号	课程代码	课程名称	归属模块	课程性质	课程类型	开课院部	学分	周学时	总学时	讲课学时	实践学时	考试考查	周数	实践起止周	备注
4	70000014	公共体育II	公共基础平台模块	B	公共基础必修课	体育与国防教学部	1		36	18	18	考试			
5	80000009	劳动实践I	公共基础平台模块	C	公共基础必修课	大数据学院	1		28	6	22	考查		18-18	
6	70000173	职场通用英语II	公共基础平台模块	B	公共基础必修课	通识教育学院	4		64	32	32	考试			
7	70000029	一元函数积分学	公共基础平台模块	A	公共基础必修课	通识教育学院	2		32	32		考试			
8	32093106	Java 程序设计	专业基础平台模块	B	专业基础必修课	大数据学院	3	6	48	24	24	考查			2-9
9	32093107	数据库技术	专业基础平台模块	B	专业基础必修课	大数据学院	3	6	48	24	24	考查			2-9
10	32093116	软件工程	测试运维模块	B	专业核心必修课	大数据学院	3	6	48	24	24	考试			10-17
11	32093208	Java 程序设计实训	专业基础平台模块	C	专业基础必修课	大数据学院	2	28	56		56	考查		19-20	
		第二学期小计					24.5	46	454	246	208				
1	70000171	创业基础训练	公共基础平台模块	B	公共基础必修课	创新创业学院	1		16	12	4	考查			
2	70000015	公共体育III	公共基础平台模块	B	公共基础必修课	体育与国防教学部	1		36	18	18	考试			
3	32093109	计算机组装与服务器配置	专业基础平台模块	B	专业基础必修课	大数据学院	4	8	64	32	32	考查			2-9
4	32093110	Java Web 应用开发	后端开发模块	B	专业核心必修课	大数据学院	4	8	64	32	32	考试			2-9
5	32093114	Java EE 企业级应用开发	后端开发模块	B	专业核心必修课	大数据学院	6	12	96	48	48	考试			10-17
6	32093115	软件测试	测试运维模块	B	专业核心必修课	大数据学院	4	8	64	32	32	考试			10-17
7	32093218	Java EE 企业级应用开发实训	专业基础平台模块	B	专业基础必修课	大数据学院	3	28	84		84	考查		18-20	

续表

序号	课程代码	课程名称	归属模块	课程性质	课程类型	开课院部	学分	周学时	总学时	讲课学时	实践学时	考试考查	周数	实践起止周	备注
			第三学期小计				23	64	424	174	250				
1	70000050	就业指导	公共基础平台模块	A	公共基础必修课	招生与就业指导处	1		16	16		考查			
2	80000016	劳动实践II	公共基础平台模块	C	公共基础必修课	大数据学院	1		28	6	22	考查		10-10	
3	70000027	应用文写作	公共基础平台模块	A	公共基础必修课	通识教育学院	2		32	32		考试			
4	32093119	Web 项目实战	后端开发模块	B	专业核心必修课	大数据学院	4	8	64	32	32	考试		2-9	
5	32093131	★Web 项目实训	专业基础平台模块	C	专业基础必修课	大数据学院	10	28	280		280	考查		11-20	
			第四学期小计				18	36	420	86	334				
1	32093121	Android 应用开发	专业基础平台模块	B	专业基础必修课	大数据学院	6	8	96	48	48	考查		2-13	
2	32093120	Python 基础开发	测试运维模块	B	专业核心必修课	大数据学院	6	8	96	48	48	考试		2-13	
3	32093022	职业素养	专业基础平台模块	A	专业基础必修课	大数据学院	1	4	16	16		考查		2-5	
4	32093223	★综合实习	专业基础平台模块	C	专业基础必修课	大数据学院	7	28	196		196	考查		14-20	
			第五学期小计				20	48	404	112	292				
1	32093224	岗位实习	专业基础平台模块	C	专业基础必修课	大数据学院	12	28	336	0	336	考查		2-13	
2	32093225	毕业设计	专业基础平台模块	C	专业基础必修课	大数据学院	4	28	112	0	112	考查		14-17	
3	32093226	毕业教育	公共基础平台模块	C	公共基础必修课	大数据学院	1					考查		18-18	
			第六学期小计				17	56	448	0	448				
合计							131.5	262	2656	930	1726				

说明：课程类型分别为 A，B，C，其中 A—理论课，B—理实一体课，C—实践课，●—专业核心课，★—专创融合课。每学期课程设置顺序按照课程性质统一排序，公共基础必修—专业基础必修—专业核心必修，入学教育、毕业教育只统计学分，不计学时。

表6.12　软件技术专业选修课程设置及教学计划表

序号	课程代码	课程名称	归属模块	课程性质	课程类型	开课院部	学分	周学时	总学时	理论学时	实践学时	考试/考查	周数	实践起止周	开课学期
1	32093129	Web前端开发	前端开发模块	B	专业拓展限选课	大数据学院	4	8	64	32	32	考试	10-17		2
2	32093130	uni-app应用开发	前端开发模块	B	专业拓展限选课	大数据学院	5	10	80	40	40	考试	2-9		4
3	32013113	大数据可视化技术	智慧安防数据处理模块	B			4	8	64	32	32	考试	10-17		2
4	32013109	Python数据分析与应用	智慧安防数据处理模块	B	专业拓展限选课	大数据学院	4	8	64	32	32	考试	2-9		4
最低专业拓展限选课总学分、学时							8	16	128	64	64				
1	70000036	大学生音乐素养	公共基础平台	A	公共基础限选	通识教育学院	2		32	32		考查			1
最低公共基础限选课程总学分、学时							2		32						
最低公共基础任选课程总学分、学时							6								
第二课堂							3								
合计							19								

说明：课程类型分别为A，B，C，其中A—理论课，B—理实一体课，C—实践课，●—专业核心课，★—专创融合课。大学生社会实践只统计学分，不计学时。学生需按拓展模块选课。

（三）学分及学时统计

表6.13　软件技术专业学分与学时统计表

课程及学分类别	门数	必修学分	选修学分	总学时	实践学时	占总学分比例（%）
公共基础平台（公共基础必修课）	26	42.5		776	258	
公共限选模块（公共基础限选课）（最低）	1		2	32		

续表

课程及学分类别	门数	必修学分	选修学分	总学时	实践学时	占总学分比例（%）
专业基础必修课	13	60		1416	1232	
专业核心必修课	6	27		432	216	
专业拓展限选课（最低）	2		8	128	64	
公共基础任选课（最低）			6			
第二课堂		3				
合计		132.5	16			100
毕业总学分要求				148.5		

八、实施与保障机制

（一）人才培养模式保障

专业课程开发专家小组深入企事业单位调研，明确专业面对的职业岗位群及相关职位所具备的职业能力，通过引企驻校，与企业深度合作，以企业真实软件项目为载体，根据软件项目的需求分析进行设计，按照"项目导向"的课程建设思路，培养学科专业基础扎实、软件技术能力强、职业素养高的实用性人才。其一，在校内建立校企项目研发中心，搭建"课内+课外"双贯通学习环境；其二，构建"多平台、项目化"教学资源；其三，实施以多方为主体、以岗位实操能力为核心的综合考核，并模拟软件行业 KPI 考核的绩效评价；其四，实施"以证代分、以赛代分、以奖代考"的多元评价激励机制。本专业形成了以"学习环境"为基础、以"学习资源"为抓手、以"培养路径"为方法、以"项目考评"为保障的"类上班制"人才培养模式。

（二）教学模式保障

以面向软件产业高端和高端软件产业培养职业素养高、岗位技能精、创新能力强的高水平技术技能人才为出发点，建立软件类专业人才培养模式。以就业为导向，依托入驻企业提供真实项目，采用启发式教学模式、案例式教学模式、体验式教学模式，师生深度参与完整项目生命周期的开发。

（三）师资队伍保障

1. 专任教师+企业导师

软件类专业"类上班制"人才培养模式整合和优化了校企双方的优势资源，教师资源由校内理论基础好、动手能力强的教师与入驻企业的项目经理、技术骨干组成混编"双师型"教师团队。学校教师同时是企业工程师，企业工程师同时是学校教师，学校学生同时是企业员工，实现三个双身份，形成"企业导师+学业导师+心理导师+科研导师+职业规划导师"多方协同的师资力量。其中，教师队伍中双师素质占专业教师比例为100%，专任教师队伍30人，其中教授10人，副教授14人，年龄结构合理，平均年龄38岁，形成了合理的梯队结构，专任教师均具有高校教师资格；有理想信念、有道德情操、有扎实学识、有仁爱之心；具有软件开发及相关专业本科及以上学历；具有扎实的本专业相关理论功底和实践能力；具有较强信息化教学能力，能够开展课程教学改革和科学研究；每5年累计不少于6个月的企业实践经历。企业工程师均具有5年及以上项目开发经验，发挥企业和学校双导师作用，能带领学生共同开发项目，全方位指导学生按项目分析、设计、实现、测试、验收等环节完成项目，实现类上班的目的，使学生提前体验工作岗位的责任和分工，不断增强岗位意识，形成岗位精神。

2. 兼职教师

学校建有校内外兼职教师资源库，其中校内兼职教师，10人，企业实践经验丰富的一线工程师兼职教师20人。兼职教师具备良好的思想政治素质、职业道德和工匠精神，具有扎实的专业知识和丰富的实际工作经验，具有中级及以上相关专业职称，能承担专业课程教学、实习实训指导和学生职业发展规划指导等教学任务。

（四）教学设施保障

1. 专业教室

学校企业标准建设含电源、网络、计算机的工位式学习环境，集"教、学、做、创"一体化的教育教学平台。学生配备自己独立且固定的工位，在工位实行"边教边练""边学边做"，使学生提前体验上班环境，为学生适应企业环境做基础。软件技术专业教室都配备电子白板、多媒体计算机、投影设备、音响设备、互联网接入或Wi-Fi环境，并实施网络安全防护措施；安装了应急照明装置并保持良好状态，符合紧急疏散要求，标志明显，保持逃生通道畅通无阻。

2. 校内实训室

（1）Web 前端开发实训室。

Web 前端开发相关的技能实训室都配备了服务器（安装了 Photoshop、Visual Studio Code 等环境）、投影设备、电子白板、计算机、可运行 Chrome 浏览器的测试终端，Wi-Fi 环境；支持 HTML5 与 CSS3 布局设计、JavaScript 与 jQuery 程序设计、Bootstrap 应用开发、PHP 基础开发、NodeJS 应用开发、Vue 前端框架应用开发、Web 前端综合实战等课程的教学与实训。

（2）Java 开发技能实训室。

Java 开发相关的技能实训室配备了服务器（安装了 Eclipse、MySQL、Tomcat 等相关软件及开发工具）、投影设备、电子白板、计算机等；支持 Java 程序设计、MySQL 数据库、Java Web 应用开发、Java EE 企业级应用开发、Java 项目实战等课程的教学与实训。

（3）进阶平台。

为达到"因材施教、共同成才"的目的，学院还创设校企研发中心、导师工作室、创新创业工作室和技能比赛工作室等平台，供不同方向学生自主选择，依托合作企业，以项目为驱动，训练学生专业技能，同时学生可参加各级各类技能比赛提升自我能力，表现优异学生可通过比赛成绩实现学分替换。

3. 校外实训基地

具有稳定的校外实训基地 20 个；能够开展软件开发技术专业相关实训活动；实训设施齐备，实训岗位、实训指导教师确定，实训管理及实施规章制度齐全。

4. 学生实习基地

具有较为稳定的校外实习基地；能提供软件开发、软件测试、软件编码、软件技术支持、Web 前端开发等相关实习单位，能涵盖当前相关产业发展的主流技术，可接纳一定规模的学生实习；能够配备相应数量的指导教师对学生实习进行指导和管理；有保证实习生日常工作、学习、生活的规章制度，有安全、保险保障。

5. 支持信息化教学方面的基本要求

学校建设有数字化教学资源库，能提供课程资源上传下载、文献资料、常见问题解答等信息化条件；团队鼓励教师开发并利用信息化教学资源、教学平台、创新教学方法，引导学生利用信息化教学条件自主学习，提升教学效果。

（五）教学资源保障

1. 企业项目

学校通过校企合作，在校内建立校企项目研发中心，使学校拥有源源不断的企业真实开发项目。学生按项目分析、设计、实现、测试、验收等环节完成项目，使学生提前融入企业环境并得到全方位的岗位锻炼，实现毕业后与企业无缝对接。

2. 教材选用

按照国家规定选用优质教材，禁止不合格的教材进入课堂。教务处负责对教材资源的合理性进行统一审查，确保学生的教材经过规范程序择优选用。

3. 图书文献配备

图书文献配备能满足软件技术专业人才培养、专业建设、教科研等工作的需要，方便师生查询、借阅。专业类图书文献主要包括：行业政策法规资料，有关软件开发的技术、标准、方法、操作规范以及务实案例类图书等。

4. 数字资源配备

建设、配备了与本专业相关的音视频素材、教学课件、数字化教学案例库、数字教材等专业数字资源库，种类较为丰富、形式多样，能满足正常的教学需求。

（六）教学方法保障

（1）专业部分课程比如"Java 程序设计""MySQL 数据库技术"等课程建设了校级在线开发课程，达成了线上线下教学相互辅助。

（2）所有专业课程均采用企业真实项目案例教学法。编写案例驱动教材；课堂上充分分析案例的来源，实现途径；课后充分利用学校的数字化教学资源库，及时上传本堂课程对应的案例源码，实现效果图，实现步骤说明等资源，让学生充分掌握案例驱动对应的知识点和技能点。

（3）专业课程也充分利用讨论教学法进行授课。采用课后老师提出问题，学生课后利用资源库中的课件、授课计划、课程标准、教学视频、作业、案例库等教学资源进行预习或复习；老师下一次课中进行提问、点名回答等方法对上一节课遗留的问题或者解决问题的新途径进行分析、归纳或引入，提高学生参与的积极性和介入感。

（七）学习评价保障

本专业拟定"考核+激励"评价方法，由学生、学校教师、企业导师共同组成评价主体。在考核层面，其一，学生开展自评和互评，对沟通表达与团队协作等方面进行综合评价；其二，学校教师考查出勤、课程基础知识与技能的掌握情况；其三，企业导师考查项目完成质量与学生职业素养。构建由公共课、专业基础课、课程包、真实项目、技术服务、技能竞赛组成的多层评价内容。根据不同教学阶段设置多样评价方法，第一阶段课程实施以多方为主体的综合考核；第二阶段实施以岗位实操能力为核心的综合考核；第三阶段实施模拟软件行业 KPI 考核的绩效评价。在激励层面，实行学分累积与转换制度，考核达到要求的，给予相关课程免修、赋予等价学分的激励，实现"以证代分、以赛代分、以奖代考"；通过实际项目创造价值，在校内实施带薪学习、按任务分配、按价值奖励，提高学生的积极性和主动性。

理论课考核主要包括：课程作业、实训过程、阶段性检测、期中考试、考勤、期末考试等。专业课的考核评价涉及的方面较多：课程基础知识、基本技能、专业能力、学习态度、参与度、语言表达能力、创新能力等。实训课主要包括需求分析、模块划分、功能实现、答辩、PPT 制作等环节。课程总评价成绩应体现合理的成绩比例：理论课程的过程性评价约不超过 70%，期末考试成绩不低于 30%；周实训成绩过程性成绩不低于 50%，最后的答辩和 PPT 制作不高于 50%。

（八）质量管理保障

（1）学校和二级学院应建立专业建设和教学质量诊断与改进机制，健全专业教学质量监控管理制度，完善课堂教学、教学评价、实习实训、毕业设计以及专业调研、人才培养方案更新、资源建设等方面质量标准建设，通过教学实施、过程监控、质量评价和持续改进，达成人才培养规格。

（2）学校、二级学院应完善教学管理机制，加强日常教学组织运行与管理，定期开展课程建设水平和教学质量诊断与改进，建立健全巡课、听课、评教、评学等制度，建立与企业联动的实践教学环节督导制度，严明教学纪律，强化教学组织功能，定期开展公开课、示范课等教研活动。

（3）学校应建立毕业生跟踪反馈机制及社会评价机制，并对生源情况、在校生学业水平、毕业生就业情况等进行分析，定期评价人才培养质量和培养目标达成情况。

（4）专业教研组织应充分利用评价分析结果有效改进专业教学，持续提高人才培养质量。

九、毕业要求

表 6.14　软件技术专业学生毕业要求

序号	毕业要求的几项指标	要求
1	政治思想素质	考核合格，无纪律处分或纪律处分影响期已解除
2	毕业学分要求（最低）	148.5
3	学生学籍管理规定	符合相关要求
4	其他规定	国家学生体质健康标准达标，方能毕业

十、人才培养方案特色与创新

（1）专业培养目标及人才培养规格定位准确，构建了以类企业"学习环境"为基础、以类企业"学习资源"为抓手、以类企业"培养路径"为方法、以类企业"项目考评"为保障的"类上班制"人才培养模式。

（2）突出高职教育的宗旨和特色，以"校企融合"的方式进行专业能力、职业素养培养，创建了软件类专业校企合作可持续运行机制。通过构建多元化投入、人员互训互聘、基地共建共享、项目互利互惠机制，搭建校企研发中心，改造企业真实项目，构建不同方向课程包，提升师生技能水平，形成"三方共赢、项目协作、协同育人"的可持续运行机制。

（3）积极探索实现"全过程个性化"的软件类专业人才培养路径。充分考虑生源多样性、学生志趣差异性，从专业方向个性化、进阶平台个性化、考核评价个性化三个方面实现全过程个性化育人。

第7章　高职软件类专业考核评价构建

高职软件类专业"类上班制"人才培养模式按"项目考评与企业绩效考评类似"的理念，以学生、学校教师、企业导师为评价主体，以学习型项目、模拟型项目、真实型项目为评价内容，借鉴软件类企业 KPI 考核制度，形成了学生多元考核评价体系；实施带薪工作、按任务分配、按价值奖励，提高了学生的积极性。

7.1　考核评价体系构建基础

1. 理论基础

"类上班制"人才培养模式的学生考核评价设计，借鉴了不同历史阶段和不同国家职业教育评价理论。时间维度上，教育评价经历了测验、评价、判断和建构四个阶段。

（1）成果测验：测验学习成果或学习结果。

测验理论主张用科学、量化的测验得到的准确数值，定量评价课程学习结果或学业成果，兴起于 20 世纪初的智力测验是这一理论的典型代表。这一理论的本质是测试学生的记忆、推理或逻辑能力，追求测验的科学化、客观化和标准化[①]。测验理论对世界各国学校的学生的学习评价影响深远，甚至沿用至今。但其存在诸多缺陷，如：单纯采用测验结果评价学习成果显得比较片面，没有体现学生的学习态度、创造能力等综合素质，不能完全反映学生的真实学习效果；缺乏对学生学习过程的关注；过分强调学习内容可测、考试内容标准化会起到不良的导向，教师为考试而教，学生为考试而学，导致教与学单一、机械。

（2）目标评价：描述学习成果达成目标的程度。

目标评价理论在成果测验理论的基础上，主张考核评价不仅仅是测验得到成

---

① 马良军. 高等职业教育专业实践课程评价研究[D]. 天津大学. 2015. 11.

绩，更应该关注课程教育目标的达成度，进而发现教育教学问题，改进课程教学内容和教育教学方法，目标评价的步骤可概括为四步：确定课程目标、根据目标选择课程内容、根据目标组织课程内容、根据目标评价课程，其中确定课程目标最为关键，因为其他评价步骤都是围绕课程目标展开。在具体评价方法上，除了采用测验或考试外，还应采用谈话、写作和实操等多种方法对学生的行为进行综合判断。目标评价也存在一定的局限性，例如：过度关注课程目标，导致非预期的效果被忽略。实际教育过程必然会产生一些非预期的，但有教育意义的效果，如果仅对课程目标进行评价，会削弱课程本身的创造性；另外，教育目标本身设置的科学性和合理性未受到评价，可能会出现教育目标设置出现偏差的情况。

（3）价值判断：判断教育过程和结果的价值。

价值判断理论判断教育过程和结果对受教育者产生的价值，主张学习过程和结果同等重要。这种评价将教师和学生在课程开发、实施以及教学过程中的全部情况都纳入到评价的范围，强调评价者与具体情境的交互作用，认为不论是否符合预定目标，只要是与教育价值相关的结果，都应进行评价。价值评价的核心是，将评价视为价值判断的过程，不仅仅评价教育目标的达成，还要评价目标本身设置的合理性，以及教育过程的价值；更重要的是，价值判断阶段，开始关注学习者个体需求的"差异性"和教育价值的"多元化"。

（4）多元建构：建构尊重个体差异的多元价值评价。

在以教师为中心向以学生为中心转变的建构主义学习理论和学习模式下，学生成为知识价值的主动建构者；教师是教学过程的组织者、指导者、意义建构的帮助者、促进者；教材所提供的知识不再是教师传授的内容，而是学生主动建构意义的对象；媒介也不再是帮助教师传授知识的手段、方法，而是用来创设情境、进行协作学习和会话交流的工具。与之适应的新一代建构主义学习评价理论应运而生，建构主义学习评价理论融合了传统的成果测量、目标评价和价值判断方法，坚持价值多元性的理念，并不简单由教师实施评价，而是将评价多方人员的多元诉求作为评价的出发点，教师和学生相互协调产生评价结果；教师、学生等多方主体全面参与评价的设计和实施，尤其重视学生作为评价主体的身份，尊重个体差异和多元诉求，构建个体化的教育。

空间维度上，不同国家职业教育课程评价具有不同特点。

（1）德国双元制：基于工作过程的模块化考核。

德国职业教育双元制模式下，学业评价实施主体是各行业协会，在行业协会中设立考试委员会，负责制定考试计划、组织考试、评判考试成绩等，并鼓励全日制在校生参加行业协会考试。对具体实施考试的考评员任职资格要求十分严格，考评人员应具有大专学历和生产实践经验，还需要通过专门的培训进修；评价内容上，关注工作过程中职业能力的培养，实施基于工作过程的模块化考核；评价标准上，注重对学习者工作过程的专业能力、方法能力和社会能力等多方面能力进行综合评价；评价方法上，过程性评价和结果评价相结合，写作、访谈、实操相结合，评价方法多种多样。

（2）英国学徒制：以技能导向的课业任务考试。

英国职业教育学徒制模式是一种国家主导行业推行服务当地的职业教育制度[①]，英国普遍实施国家职业资格证书制度，组建国家职业资格和行业标准认定委员会、行业标准委员会、证书考核委员会等机构，具体由各个行业协会组织实施。评价主体上，要求考评员必须拥有岗位资质，持证上岗；评价内容上，以技能导向的课业任务为主，十分重视学习者从事任何职业都需要的通用能力；评价标准上，细化分级分类，能力等级依次递进；评价方法上，观察、作品评价、提问、情景模拟等方法组合使用，重视书面证据和个人作品等学习成果，关注个体的职业能力发展和成长过程。

（3）澳大利亚 TAFE 体系：实际工作任务的关键能力评价。

澳大利亚建立了全国统一的职业教育体系：TAFE 体系。国家设立专门的组织机构，建立用人职业资历框架，开发各个行业的职业资格培训包。职业资格培训包包括能力标准、职业资格证书、鉴定指南、学习策略和教辅材料。评价主体上，评价人员由教师、学生、TAFE 学院、行业企业多方构成，要求必须拥有 5 年以上的行业企业工作经历，接受专门的培训并获得职业资格证书；评价内容上，注重学生在实际工作中的关键能力培养，包括职业通用技能、行业通用技能等专门技术能力和合作能力、心理承受能力等职业关键能力；评价标准上，设置能力通用标准，规定岗位人员应该具备的具体能力要求；评价方法上，注重过程考核

① 闫宁．高等职业教育学生学业评价研究[D]．陕西师范大学．2012．10.

和就业状况评价。

2. 实践基础

"类上班制"人才培养模式的学生考核评价体系构建上，学校具有较好的实践基础。

一是初步构建了学生全面发展的评价体系和质量保证体系。学校依托重庆市内部质量保证体系诊断与改进试点工作，围绕德智体美劳全面发展目标，出台了《学生全面发展标准》《学生全面发展自诊工作实施办法》《学生层面诊断与改进工作实施方案》等文件，从思想道德素质、知识文化素质、身心健康素质和发展性素质等4个方面制定了学生个人全面发展三学年规划和学年发展计划，从思想道德、知识文化、身心健康、组织管理、职业发展、社会实践、文体特长、创业就业、荣誉表彰9个方面确定28个质控点对学生发展进行量化赋分评价。

二是基本形成了促进学生德智体美劳全面发展的课程体系。德育方面，积极构建大思政格局，推进思政课和课程思政同向同行，建成"毛泽东思想和中国特色社会主义理论体系""思想道德修养与法律基础"2门市级精品在线开放课，出台了《课程思政建设实施意见》等制度文件；专业教育方面，建成了一批国家级精品在线开放课程、重庆市精品在线课程和重庆市一流课程和国家级专业教学资源库、重庆市级教学资源库等高水平教学资源；体育方面，开足（不少于108学时）体育必修课，开放定向越野等新兴运动项目资源；美育方面，开设了"大学生音乐素养""茶艺与茶文化""职场礼仪与形体"等美育通识限选课程，以及"中国传统礼仪文化""中国传统服饰文化""书法鉴赏""中国画鉴赏""合唱与指挥训练"等美育公共选修课程；劳动教育方面，把劳动教育融入专业人才培养方案，在教学进程中设置劳动实践周，设置劳动教育必修学分；创新创业方面，开设创新创业特色模块课作为公共限选课，打造了一批专业教育与创新创业教育融合度高的示范课程。

三是积极开展课堂教学评价改革。学校出台了《专兼职教学督导员管理办法及岗位职责》《学生教学信息员工作条例》，充分发挥教学督导员和学生信息员在参与教育教学评价和反馈教学信息、督促学生严守课堂纪律认真听讲、推动教师改进教学方法和提高教学质量、促使学校加强教学管理等方面的重要作用。学校自主开发了顶岗实习管理系统，并在使用中不断完善模块功能，对学生考试成绩评定、毕业资格审查、是否足额真实参加实习（实训）及实习（实训）质量起到了很好的监管作用。

四是不断推进完全学分制改革试点。学校在按大类招生的专业大类中推行完全学分制改革，构建基于选课制为基础的模块化课程体系，逐步实现模块选学、弹性学习、按需培养、学分互认等个性化的人才培养路径，以提高人才培养的适应性和针对性。积极推进学分银行建设，成立了重庆市学分银行分中心，中心建立了相互协同、相互支持、相互促进的质量监控制度。学校先后出台了《学生赴境外交换学习的课程认定及学分转换管理办法》《学习成果认定与转换管理办法》《学生创新创业竞赛管理办法（试行）》《学生专业技能竞赛管理办法（修订）》等文件，为各类学生学习成果认定及转换提供了依据。学校陆续开展了对认可度较高的各大在线课程平台（智慧职教、爱课程等）在线开放课程、校级互选在线开放课程、境外交换学生的学习课程、全国大学英语四六级考试、高等教育自学考试统考科目、参军入伍学生在服兵役期间立功获奖、学生各类竞赛获奖、各类职业资格证书、技能证书，以及校企合作各类项目等学习成果的认定、积累和转换。

五是持续推动信息技术与教学的深度融合。学校联合企业研发基于"智能技术+教学"的新型一体化共享型专业资源教学云平台，实现了教与学的全过程数据采集与效果分析，有力支撑线上教学、线上线下混合式教学改革。学校建有大数据分析与质量监控平台和智慧学工系统，能够及时采集分析学生数据，进行监测、预警和反馈。学校是教育部网络学习空间"人人通"培训基地、网络学习空间应用普及活动优秀学校、首批信息化建设优秀单位。2018 年基于信息技术的教学改革成果获得国家级职业教育教学成果二等奖。学校的信息化建设为改进结果评价，强化过程评价，探索增值评价，健全综合评价，提高学业评价的科学性、专业性、客观性打下良好的基础。

7.2 考核评价的方法建构

1. 健全评价机制，保障考核评价持续有效运行

（1）组建学生多元化软件类专业学业评价的组织机构。

按学习型项目、模拟型项目和真实型项目等不同类别，设立学生学业评价委

员会，其成员主要包括学校、政府、行业、企业相关人员，其主要职责是指导学生学业评价标准的开发、评价内容的选取和评价办法的制定等。

（2）制定学生多元化软件类专业学业评价的管理办法。

制定《软件类专业学生学业评价程序和管理办法》，明确学生学业评价中的实施程序，涉及的人员、设备、场地、资金，明确评价的主体、内容、方式、时间，设计评价标准，建立评价结果的运用及改进机制。

（3）构建"四轮驱动，双轨运行"的软件类专业学业评价动力支持体系。

"四轮驱动"即企业、督导、学生、教师共同严把人才培养质量关，企业负责对学生真实性项目、生产性岗位实习、就业性岗位实习考核和评价，督导负责随堂听课评教，现场指导，以及全学年教学工作检查和各项专项检查工作；学生主要通过参与座谈会和网上评教来推进人才质量的提高；教师主要负责学生的理论和实践教学的考核与评价，根据学生和督导的评价意见改进教学工作。"双轨运行"即学校自我监控一条轨，社会第三方评价一条轨，学校在加强自我监控的同时，组织毕业生和就业单位对学校的人才培养工作进行第三方评价。

（4）推行适宜推进软件类专业学生多元化学业评价的学分制改革。

建立与学分制改革和弹性学习相适应的管理制度，完善学分标准体系，严格学分质量要求，扩大学生学习自主权、选择权，实现以学分积累作为学生毕业标准。

1）建立学分制教学管理制度体系。出台保障学分制落地的学分管理、学分替换、弹性学制、学业预警与淘汰、学籍管理、毕业资格审查等教学管理制度，同时保障制度之间的有机联系、相互匹配。

2）建立学分制教学质量监控体系。一是实施企业人员和学校教师共同指导学生学业的"双导师制"，在学生课程选择、课程学习乃至专业发展方面给予全面指导。二是建立健全学业评价的绩点制，通过采用绩点制来衡量学生学习的质量，同时将成绩与奖励和荣誉挂钩，以强化学习竞争，优化学风，提升教学质量。三是完善适应学分制的教学督导、质量评估、质量跟踪等制度。严格执行学校《教师课堂教学行为规范》《专兼职教学督导员管理办法及岗位职责》《学生教学信息员工作条例》，提高课堂上座率、前排率、抬头率。督促任课教师对学生到课情况进行认真核查，做好记录，并将学生学习情况和到课情况及时反馈给学生所在学院；引导任课教师注重因材施教，创新教学模式，改革教学方法，打造"金课"，杜绝"水课";充分发挥学校专兼职督导员在教学评价中的重要作用,加强课堂教学督导,提高课堂教学实效性;更好地调动全体学生教学信息员参与教学评价、反馈教学信息的积极性,充分发挥他们在学校加强教学管理和教师改进教学方法、提高教学水平和教学质量等方面的重要作用。

3)建设适应学分制的教务管理系统。整合学籍管理、课程管理、考务管理、学分替换等多项教学常规业务,以及实现学生学分达标进度的可视化,实现高效运行。

2. 构建评价体系,促进学业评价科学全面开展

当前,职业教育要求学生由单纯的操作技能转向完成任务与解决问题的综合职业能力转变,现有的课程评价体系存在着评价方法、评价主体、评价内容单一的问题,已无法满足对学生全面能力评价的要求。为推进学生学业评价改革,提升课程考核的科学性、准确性,按照不同的课程类别实施课程考核内容"多元化"、课程考核人员"多员化"、课程考核方式"多样化"改革。

(1)评价内容多元化。

学习类项目课程,从学生各类课程理论知识的掌握情况,以及学生的学习态度、学习过程、方法、情感、职业道德等综合素质方面综合设计学业评价内容。一是学生理论知识的掌握;二是岗位实践能力的应用;三是具备良好的综合素质,包括:①交流协作能力,实现与同学、教师、管理者、社会人等不同角色顺畅交流与共同协作完成任务的目标;②组织协调能力,即在组织各种活动,协调不同关系时所采用的方法、态度等,并针对这些素质对学生学业作出评价;③控制力及执行力,学生在工作任务中自我约束能力、执行程度和执行能力,以及学生对整体任务进度的把控力,直至完成任务的能力;④道德品质,即学生热爱祖国,具有劳动精神、工匠精神、职业素养、遵纪守法、诚实守信等素质。

模拟类项目课程,将具有前沿性的书籍和文献的研究内容纳入考试范围,提高学生的学习兴趣和研究知识的能力。为培养学生解决实际问题的能力,适当调整课程成绩构成结构及比例,考核的题型增加案例讨论、课程设计等开放性、综合性试题。减少客观题的比重,增加主观题的比重,以主观题为主,比重不少于60%。

真实类项目课程,基于真实软件开发项目,联合行业、企业共同制定多样化

实训内容，如：职业素养、协调能力、技术技能等。针对不同专业方向的实习目的、特点、要求，不同岗位的职业要求，设置差异化评价内容。如：软件运营维护方向，要求学生在与客户的沟通过程中，具有较强的语言沟通能力和理解能力，则在评价内容指标中，就需要加入沟通协调能力的评价。软件测试方向，要求学生在工作过程中，有较强的标准规范意识，则在评价内容指标中，需要加入规范意识的能力评价。

（2）评价主体多元化。

学习类项目、模拟类项目课程，按引进的企业项目或工作任务，将学生、学生之间、学校教师、企业导师和家长设置为评价主体。以学生自评和互评为主，通过访谈、学习日志和评语等评价方法记录学习过程；学校教师和企业导师在开展评价时，可以通过观察法对学生由单一项目或任务向复杂项目或任务转变过程中，知识的运用、职业技能和能力、情感和态度，从横向同伴之间和纵向自身情况进行多维度评价；家长作为评价主体则可以从学生的个性和兴趣爱好开展评价，实现多维度的评价，让学生对评价结果从单一的分数评价转变为给学生提供多维度的评价，使其更加客观地接受评价结果。

真实类项目课程，引入企业一线员工、企业管理者、实习学生以及社会评价组织等"多员化"评价主体。在实施过程中，通过不同的评价主体侧重于不同的评价内容。如：教师注重与学生的项目完成情况、项目完成质量、出勤等方面给出课程项目考核评价，而企业或者社会第三方评价机构对于学生在企业的职业道德、完成质量、安全意识等方面给出项目考核评价，学生之间根据岗位沟通能力、团队协作能力等方面给出综合能力考核评价。

（3）评价方式多样化。

推行多种形式、多个阶段、多种类型相结合的课程考核评价制度改革。

德育课程建立集学生自评、教师评价（含辅导员评价和公寓社区辅导员评价）、家长评价、学生互评、客观记录量化评价"五维一体"的综合思想道德评价机制。突出学生德育成绩在学生综合评价中的重要导向作用，在学生评奖评优、入党发展、担任学生干部等条件中明确德育成绩标准，实行"德育成绩"一票否决制度。

美育课程开展以学业水平度、学生参与度、作品完成度"三度"为指针的学生评价，实施"内涵+外延"的层级进阶式评价改革，实现全方位、立体式综合评价。学生美育学习成果等级评定不仅由课程教师开展评价，且由校内相关美育专家和校企合作专业机构对一定范围的学生给予外延性评价，由此形成美育课程学习学生、美育学习兴趣小组学生、美育综合社团学生、艺术专业类人才的层级式立体化队伍建设，不断推进美育评价改革。

劳动教育课程建立学生劳动清单，实行学生劳动积分制度，健全学生劳动档案，详细记录学生劳动点滴。优化劳动教育成绩评价机制，实行劳动理论学习、劳动实践锻炼、日常生活劳动、公益劳动服务相结合的立体劳动教育成绩评价机制。

创新创业、就业指导类课程通过答辩、开放式考试，团队合作创作设计、作品等形式来进行考核评价。任课教师严格执行课程成绩评定标准，保护教师公平公正评分的权力；加强学生诚信为学教育，自觉抵制不良风气，引导学生遵守学校教学管理有关规定。

模拟类项目课程重构理论与实操的评价方式，从单一的理论考核转变为理论和实训并重的考核方式。理论考核以量化评价方式为主，并将课程思政元素作为评价的重要指标。实操考核以对应职业岗位为核心，在认真细分岗位工作任务的基础上，通过科学设计工作情景，实现对学生岗位现场操作能力、工作方法能力、技术应用能力的全面考核。

真实类项目课程采取"过程+结果""定量+定性"的评价方式，借鉴软件类企业 KPI 考核制度，设计真实类项目评价表，从项目绩效、岗位核心能力、关键行为三大方面对学生的技能、素质进行考核。一级指标项目绩效展开为项目完成情况、项目完成质量、项目重要性、BUG、编码规范、逻辑思维 6 项二级指标，一级指标核心能力分解为学习能力和创新能力两项二级指标，一级指标关键行为分解为执行力、协作精神、主动性、集体意识与协作精神、纪律性 5 项二级指标，详见表 7.1。不仅考核学生的任务结果完成情况，还要考核学生在项目实施的过程和规划情况。对于专业技能，通过过程实施和效果等方式采用量化评价方式，而对于职业道德和精神则通过定性评价中的行为观察和访谈等方式进行评价。

表 7.1 真实类项目绩效考核表

姓名： 企业导师：

职位： 专业导师：

考核分设置：总分 100 分，得分分别对应 S、A、B、C、D 五个等级。

分值比重按自评 20%、企业导师评 40%、专业导师评价 40%计算。

项目		指标描述	分值	评分			分数
				自评	企业导师评价	专业导师评价	
项目绩效指标	项目完成情况	能够按时或超时完成任务指标	10.0				
	项目完成质量	产品的易用性、稳定性，作品运行中易用稳定性优 18～20；良 14～17；差 1～13	20.0				
	项目重要性	单位时间内项目完成情况，大型项目能推动发展 8～10；一般项目能起到良好宣传作用 4～7；小型项目能积累经验 1～3	10.0				
	BUG	BUG 的误差率（误差率=误差÷实际值×100%）和出现个数，并在出现时及时修正	10.0				
	编码规范	编码的编写需仔细详细且严谨，保证作品运行流畅	5.0				
	逻辑思维	代码条理清晰,逻辑性强 8～10；一般 4～7；不清晰 1～3	10.0				
岗位核心能力	学习能力	所有业务涉及技能均掌握，且不断学习，有学习具体措施，且专业技能提高明显	4.0				
	创新能力	程序员对代码数据结构算法，对业务需求提出技术创新方案，及对产品前瞻性的创新能力	4.0				
关键行为	执行力	态度积极努力，能够理智面对困难，从无任何推诿，执行过程准确、迅速，执行结果满意度高	6.0				
	协作精神	有大局意识，不惜牺牲自我，通力合作，乐于助人，且积极参加集体活动	5.0				
	主动性	主动完成工作，不需要上级督促，及时完成导师安排临时任务，并及时准确向导师汇报工作情况	6.0				

续表

项目		指标描述	分值	评分			分数
				自评	企业导师评价	专业导师评价	
关键行为	集体意识与协作精神	自觉维护办公环境，配合性强，按要求及时提交相关内容，从不推诿，合作性好，经常能对公司各方面提出有效建议和意见	2.0				
	纪律性	本季度内：从无迟到早退现象－5 分；迟到 3 次以内－4 分；迟到 3～5 次－3 分；迟到 5～8 次－2 分；迟到 8 次以上－1 分	5.0				
		严格自律，各项行为完全遵守各项规章制度，严格按照规定流程执行，职业规范性非常强	3.0				
最终考核总分：							
考核结果（　）		S. 杰出（91.0～100.0）　A. 优秀（81.0～90.9）　　B. 良好（71～80.9） C. 合格（61.0～70.9）　　D. 不合格（60 分以下）					

第二课堂建立职业资格证书、技能竞赛和社会实践等课程学分的累计与转换制度，采用过程评价和结果评价相结合的方式，引导学生考取与专业相关的职业资格证书、"1+X"技能等级证书，参加省级及以上职业技能竞赛或创新创业竞赛，根据证书获取情况及竞赛获奖等级，实行相关课程免修、赋予等价学分的激励制度，拟实现"以证代分、以赛代分、以奖代考"学业评价改革，不断提升学生的实践动手能力、创新能力，提高人才培养质量。研发社会实践积分管理系统，记录学生在课余时间开展或参加的符合法律法规要求和社会主义核心价值观，以培养综合素质为目的的志愿服务、社会调研、创新创业、美育教育、文明倡导等社会实践活动。形成以服务社会单位（个人）、负责教师为评价主体，以活动的不同级别、不同影响力为评价内容，以过程和结果并重的评价方式的《学生社会实践公共任选课积分管理办法》，实现"积分换学分"的评价改革。

3. 研发数字平台，提升学业评价智慧信息水平

大数据驱动教育评价全员、全方位、全面覆盖，辅助教师优化教学模式、学

生个性化学习诊断与改进、教学管理者对教学过程精准督导，使教育评价由"经验模式"转向"数据模式"，由"总结性评价"转向"发展性评价"，由"单一封闭式评价"转向"多元开放式评价"。将信息化技术贯穿于学业评价全过程是学校建立学生学业评价体系的重要路径。学校通过智慧校园大数据中心建设，融通教务系统、在线考试系统、岗位实习系统、评教系统等教学平台，打通各系统间的信息孤岛，针对评价标准设置指标节点，全过程记录学生学业数据，实现可分模块、分阶段、分类别提取，改变传统学业评价与教学过程相对独立的状态，将学业评价、教学过程和学习结果有机融合，支撑分类学业评价，支撑不同类别的多元化学生学业评价大数据平台。

（1）监控学习行为，强化发展性评价。

通过高清远程监控系统，构建人像识别体系，应用人工智能技术对学生在课堂上进行无感考勤、课堂纪律情况、课堂参与度、专注度判断，多维度实时采集、记录全部学生课堂听讲的真实状态数据。教师课上实时监督、课后调阅记录每位学生的课堂表现，并根据数据变化情况调整授课策略，提高课堂学习效率，最终实现教学目的。课堂统计数据实时转化成课堂评价数据，并实现数据的积累。依靠大数据平台对每位学生跟踪监测的教育数据建立电子档案，实现每天、每月、每学期数据的累加存储。存储在云端中的数据，相当于老教师多年的教学经验，但是更全面、准确，对累积的海量数据进行深度挖掘和分析，建立学生学习行为评价模型，发现学生学习规律和教育规律，并以智慧教育平台为载体生成学生可视化学习报告，为教师对学生发展性评价提供数据支持。

（2）依托数据中心，实现多元化评价。

通过建设智慧校园大数据中心，依托先进多媒体手段，实现教师与学生即时互动、资源推送和布置作业任务。同时它还能通过完善激励与评价体系激发学生在移动设备上自主学习，实时记录学生线上学习过程和成效。运用学分银行管理系统，对学生专业公共课程、专业实训课程、技能大赛、"1+X"证书等取得的学分进行认定并备案记录，结合专业人才培养方案实现在线学分转换。

开发学生考核评价APP，植入PC端和移动终端，在学生"五育教育"、岗位实习、任务式教学、社会实践、党团建活动等过程中构建教师评价、企业评价、学生互评、学生自评相结合的评价体系，对学生的专业技能、思想道德、职业素养、团队协作能力等进行多点位测评，保证评价结果的客观性，从内容和形式上真正实现多元化评价。

（3）应用在线考评，优化结果性评价。

传统的测验是总结式评价，需要完成出卷、印卷、考试、批改、分析等工作，成绩分析和试卷分析细致深入，分析工作量大，在实际过程中往往只考一次。应用在线考试系统替代部分纸质考试，克服原有测验弊端，根据不同班级学生认知水平和知识技能掌握程度，按照不同的难度系数、试题模块、试题类型进行系统自动组卷，题目顺序从系统试题库中随机抽取，实现在线批卷，自动生成试卷成绩和成绩分析，规避学生作弊风险，充分利用于随堂测试、期中测试或期末测试等多个过程，保障评价结果公平性和普适性，优化对学生学业进行"多目标、多阶段"的结果性评价。

（4）探索人机协同，构建智慧型评价。

在学生考核评价实践中，秉承人机协同的理念，着重发挥人工智能分析技术的数据处理能力，加强教师定性评价水平提升，将人为评价与信息化系统评价有效结合，始终保持教育思想对智能技术应用的引领作用，让学生学业评价从"智能化"升级为"智慧化"。

7.3　考核评价的激励机制

为增强考核评价的导学、促学作用，提高学习积极性，整体设计了学分累积与转换成果的类型、程序以及带薪学习的考核方式与实施方案，构建了"类上班制"人才培养模式下的学分累积与转换、带薪学习和奖励制度。

1. 学分累积与转换制度

为推进以学分制为重点的教学管理制度改革，创新人才培养模式，畅通学历教育、非学历教育学习成果相互融通，满足学生个性化学习需求，完善学生成长成才通道，根据《教育部关于推进高等教育学分认定和转换工作的意见》（教改〔2016〕3号）等相关文件精神，特制定学分累积与转换制度。

学习成果认定与转换是指学生取得专业人才培养方案课程之外的各种能够体现知识、能力及水平的成果后，由学生本人提出申请，经一定的程序认定，可以转换人才培养方案内的相关课程及学分。转换形式包括：免修、置换和替代。免修指免修公共必修课或专业课；置换指置换考核不通过的公共必修课或专业课；替代指替代公共任选课学分。学生申请免修、置换、替代的各类成果必须是在校（籍）期间取得。免修或置换课程累计不得超过 15 分，替代公共任选课累计不得超过 6 学分。专业核心课程原则上不得免修和置换。思想政治课、心理健康课、就业指导课、军事训练、劳动实践等公共必修课及毕业设计不得免修和置换。申请的每项成果，根据相关标准，在规定学分内，只能选择免修、置换或替代一门课程。同一作品取得不同级别的成果，原则上认定最高级别的成果，并以第一时间申请的成果为准，只认定一次。取得的成果如果已用于免修、置换或替代，则不能再用于其他方面的学业认定。同一成果转换课程学分后剩余学分同类型转换可累计计算，不同转换类型不能累计计算。符合学分转换办法的课程，学历成果课程成绩以实际成绩予以认定，非学历成果课程成绩除各类竞赛获奖外，学生申请通过的转换课程成绩按 85 分或良好计（若学生申请参加课程考试，则按最高成绩计），置换的不及格课程的成绩按 65 分或及格计，替代的公共任选课程成绩按 85 分计。

可用于学分认定与转换的学历成果类型如下：

（1）与学校建立了学分互认的高等学校之间的学分认定和转换。我院学生学习外校课程成绩合格，经课程所在院部认定，其教学目标、教学内容、教学时数、考核方式、难易程度等要求达到我院相关课程的要求，其中教学内容必须与认定课程近似度在 80% 以上，所掌握的知识、能力和水平与在本校学习基本相当，可转换为我院相同或相近的课程学分。

（2）自学考试学分认定和转换。我院学生参加高等教育自学考试取得的课程成绩或学分，根据课程内容接近的原则，经课程所在院部认定，其考试大纲、命题标准、考试范围、难易程度等与本校相关课程基本一致，知识、能力、水平与本校相关课程的培养要求基本相当，可转换为我院相同或相近课程学分。

（3）出国或出境交换生学分认定与转换。详见《重庆工程职业技术学院交换生学分替换管理办法》。

可用于学分认定与转换的非学历成果类型如下：

（1）职业技能等级或资格证书、语言类、计算机类等级证书。学生考取本专业指定的高级职业资格或职业技能证书，或者本专业没指定，但与所修课程相关的其他中级及以上职业资格或技能证书可免修或置换专业课学分。学生通过大学英语四、六级及全国计算机等级考试（NCRE）获得相应证书、普通话等级证书均可申请免修或置换对应公共基础课学分，或替代公共任选课学分。除必要职业技能证书外，自第二份职业资格或技能证书起方能兑换。

（2）各类竞赛获奖。学生参加政府主办的专业技能、创新创业、体育、文化素质等竞赛，可用所获得的奖项申请免修、置换、替代课程学分或证书，详见《重庆工程职业技术学院学生专业技能竞赛管理办法（修订）》（渝工程职院发〔2019〕95 号）、《重庆工程职业技术学院学生创新创业管理办法（试行）》（渝工程职院学〔2020〕7 号）。学生参加设计类、作品类、论文类大赛或创新创业工程项目所取得的市级二等奖及以上的各类成果如达到毕业设计要求的，完善后可作为其毕业设计作品。

（3）科学研究类。学生在正式出版物上以第一作者发表论文、主要参与学校批准立项并结题验收的科研项目、科技成果被社会采纳应用、获得国家专利等。

（4）优质在线课程类。主要指中国大学 MOOC、智慧树、学堂在线、智慧职教等目前国内认可度较高的平台，以及重庆高校在线开放课程平台中已确定为市级及国家级精品在线开放课程或经学校筛选确定的优质在线课程。学生可在平台修读完在线课程，经认定后可转换为我院相关课程学分。在线课程应与其人才培养方案规定的课程相同或相近，且在线课程的教学内容必须与认定课程近似度在 80%以上，可免修或置换对应课程。在线课程教学内容、学分与本专业教学计划内课程差异较大时，可申请替代公共任选课学分，按每 16 学时认定为 1 学分。

（5）参军入伍学生服兵役期间立功获奖，学生退伍复学后，按照参军入伍相关政策，可申请免修或置换公共体育、国防教育、军事训练等课程学分。

（6）生产实践中的学习成果（含技术技能）。面向社会招收的全日制学员在生产实践中已积累的学习成果（含技术技能）、重大革新、取得一定经济效益和社会效益的项目，可由课程所在部门通过水平测试等方式进行学分认定转换课程学分。

（7）经学校批准的各类校企合作项目。学生在项目方积极参与合作项目，并通过项目方考核，经认定取得的课程成绩可用于置换课程学分。该类成果置换学分不超过当学期应完成的必修课总学分。

学分认定及转换程序如下：

凡符合学分认定与转换条件的学生，可在每年的三月、五月、九月、十一月初集中向所在二级学院提出书面申请，填写《重庆工程职业技术学院学分认定与转换申请表》，并附相关证明材料，由学生所在学院对材料进行初审，免修或置换的课程由开课部门审核认定。

根据学生所取得成果类型，由相关职能部门及学院进行审核。资格证书类、竞赛类由教务处、竞赛主管部门及二级学院审核；科学研究类由科技处、二级学院审核；创新创业（实践）类由学生处、团委及二级学院审核；服兵役类由保卫处、二级学院审核。其他类根据实际情况由对应负责院部审核。

各二级学院汇总审核结果统一交教务处。教务处将认定结果进行为期一周公示，并在教务管理系统进行学分转换。转换结果由二级学院通知学生本人。

学校建立了学习成果转换范围动态调整机制。根据教育教学实际情况，在实际操作过程中对学生申请免修、置换、替代课程学分对应标准进行动态增删，并于每学年初公布。

规定之外的其他特殊情况，可直接向教务处申请，由教务处组织相关专家进行审核认定，必要时由学校教学工作委员会认定。学生必须提交书面申请、诚信承诺、证明材料。

2. 校内带薪学习和奖励制度

真实类项目来自于企业真实工作任务。学生具有两种身份，既是学校的学生，也是企业的员工，实现带薪学习。企业承接的真实软件项目带入学校，企业导师和专业导师共同指导学生完成项目开发。项目开发过程中参考实施企业的 KPI 评价考核（见表 7.1），根据考核结果等级对项目成员进行奖励。

7.4 典型案例

为进一步创新育人体制机制，提高人才培养质量，针对生源个体差异和社会对技术技能人才的不同层次需求，探索分层分类人才培养和个性化人才培养，面向产业高端和高端产业培养一批高素质的卓越技术技能人才，结合《国家职业教育改革实施方案》《"学历证书+若干职业技能等级证书"制度试点方案》《教育部关于职业院校专业人才培养方案制订与实施工作的指导意见》等文件精神和学校"双高"建设需求，重庆工程职业技术学院制定并实施了卓越技术技能人才培养计划，组建"卓越技术技能人才培养卓越班"（以下简称"卓越班"），针对卓越班学生制定了专门的评价标准。

1. 培养目标和任务

高等职业院校的根本任务是技术技能型人才培养，促进人才全面发展、个性化发展，并使其适应社会需要是衡量人才培养水平的根本标准。学校在"十四五"期间将紧密围绕提高人才培养质量这一核心，利用 3～5 年的时间，实施"卓越技术技能人才培养"计划，探索构建更加完善的适应培养"职业素养高、岗位技能精、创新能力强"和具有我院特色的高素质技术技能型人才培养体系，形成卓越技术技能人才培养的经验；优化人才培养模式，促进各类技能名师、教学名师作用的发挥，使培养出来的学生能成为社会认可度高的卓越技术技能人才，毕业后能成为单位的业务技术骨干，行业企业的精英，或者进入更高层次院校继续深造，实现学历、能力的双提升。

2：内涵及要求

在坚持统一规格要求的基础上，推进人才培养模式的综合改革，探索教学理念、培养模式和管理机制的创新，注重教育与生产劳动、社会实践相结合，突出做中学、做中教，形成卓越技术技能人才成长的培养体系，促进学生个性发展，把因材施教落到实处。

制定科学合理的培养方案是建立和完善技术技能人才培养体系的基本保障。一是科学设定"卓越技术技能人才"的培养目标与规格。根据行业、经济、社会、科技发展和人才市场需要，结合学校办学定位，突出学生实践技能和创新能力要求，确定人才培养的目标与规格，努力形成优势和特色。二是精心设计理论教学与实践教学体系。遵循"实基础、强实践、重能力、突特色"的原则，按照"削枝强干""少而精"的原则设置课程，突出专业核心课程，适度减少专业选修课门数和学时比例，强化专业内核，凝练专业特色。进一步强化实践教学环节，优化实践教学内容，突出实践能力培养，增加实践教学比例。

探索以现代学徒制为特点的人才培养新模式。一是实施并推广好"卓越技技能人才培养"工作，不断完善其培养工作方案、项目工作方案、专业培养方案和企业培养方案等。按"工学结合、校企合作"模式培养主要面向行业企业生产一线的"职业素养高、岗位技能精、创新能力强"的高级技术人员。二是通过遴选和建设若干个专业卓越技术技能人才培养班，在教学内容、课程体系、实践环节及考试方式等方面加大改革力度，倡导项目教学、启发式教学和探究型学习，强化多途径、多方式、多层次的学生实践能力训练，实现教学理念、培养模式和管理机制的全方位创新，形成一定数量的卓越技术技能人才培养基地。三是以创新创业活动、技能竞赛、生产性实践为载体，通过大学生课外实践平台搭建，打通第一课堂和第二课堂的界限，鼓励学生参加各类竞赛的积极性，激发学生的兴趣和潜能，突出学生实践和创新能力培养。

健全综合评价机制。通过建立完善的综合评价机制，加强过程的监控与管理。大力推进考核评价方式改革，注重学习过程考查与能力评价。坚持"以人为本、过程控制、全员参与、持续改进"的指导思想，积极构建立足于持续改进的教学评价体系。

3. 培养方式

为鼓励各教学单位积极构建高水平技术技能人才培养体系，申报"卓越技术技能人才培养"班，依照上述卓越技能人才培养的内涵及要求，开展试点的遴选。具体试点方式为：以专业或专业群为单位组建卓越班。

培养方式采用项目制管理，包括项目申报、评审、立项、检查、验收等。"卓越班"以全日制方式组建。各学院根据专业特色，并结合专业个性化培养目标定制专业方向课程和专业拓展课程。培养过程中可结合创新创业项目、现代学徒制项目、协同创新中心项目、双基地项目、深度校企合作项目、大师工作室项目、技能大赛集训项目等各类建设项目撰写针对性、个性化人才培养方案。

经申报、评审、立项后，同意开展"卓越班"培养的专业或专业群，由教师、学生双向选择，二级学院组织考核、筛选后组建"卓越班"。各二级学院应为"卓越班"配置优秀的任课教师和学业导师，采取灵活多样的考核评价方式，并在实习实训条件、耗材等方面予以适当倾斜，可以采用现代学徒制等模式与企业联合培养。

4. 计划与实施

（1）各二级学院从运行经费中给予每个试点相应的经费支持。

（2）各专业根据上述要求开展申报，具有一定招生规模（不低于100人）的专业填写学校"卓越技术技能人才"试点班培养方案。方案中应明确制定班级组建方案（选拔办法、学生进退机制）、教学团队组建方案、专业培养方案、专业考核方案及标准、经费预算方案、年度任务清单、成果要求等。本科专业根据当年招生具体人数确定班级数，申报方式参照专科专业执行。

（3）每个专业或专业群"卓越班"的学生人数原则上不超过45人，学生选拔范围可跨专业或专业群。跨专业（专业群）的学生可在通过"卓越班"选拔后，在大一年级转专业审批阶段提出转专业申请，通过审批后转入到申报"卓越班"的专业（专业群）。"卓越班"教学团队成员不低于6人。

（4）召开评审会，组织专家组对所申报专业的"卓越班"组建方案、培养标准和培养方案等内容进行论证。

（5）"卓越班"项目由二级学院进行日常管理，采用双班主任制，即每个班应配备一名专业班主任和生活班主任，分别管理"卓越班"学生的专业学习技能问题和日常生活问题。"卓越班"期中检查和期终考核验收由二级学院配合教务处组织实施。考核检查分为五个阶段，一是论证专业培养方案；二是检查课程整合情况；三是检查教学计划执行情况；四是检查企业实习阶段落实情况；五是针对各"卓越班"年度任务清单进行阶段性验收。

（6）各试点单位应建立教师团队工作档案、学生成长档案、经费使用台账等加强对项目的管理，并参照"卓越技能人才评价标准"（表7.2）对学生进行严格的培养与考核。"卓越班"在每学期末实行"自愿选择、适时分流、适量增补"的转入转出机制，有旷课、挂科，应退出"卓越班"。

表7.2 卓越技术技能人才评价标准

序号	主要观测点	评价赋分标准	实得分
1	获得奖学金	院级（5分）、省级（10分）、国家级（20分）	
2	成绩排名	专业成绩排名第一（10分）、专业成绩排名前五（5分）	
3	取得职业资格证书或职业技能证书	中级（5分/个）、高级（20分/个）、技师（30分/个）	

续表

序号	主要观测点	评价赋分标准	实得分
4	校内自主训练学时	每年利用业余开放实训室自主训练不少于 150 学时（30 分），每增加 20 学时加 5 分	
5	通用能力突出	计算机操作能力、应用文写作能力、信息技术等参加相关竞赛获得一等奖（5 分），二等奖（3 分），三等奖及其他（2 分）	
6	参加创新创业大赛、技能竞赛成果	省级竞赛获一、二等奖（10 分、8 分）；参加全国行业竞赛获一、二等奖（15 分、10 分）；参加全国竞赛一、二、三等奖（40 分、30 分、15 分）	
7	对口岗位顶岗实习	累计达 3 个月，且综合评价为优（30 分），每增加 10 天加 5 分	
8	参加企业技术技能培训	每次培训 30 学时以上，且考核优秀。每次得 5 分	
9	参与科研、技改、创新项目	项目在排名前 2～5 名的，厅局级按 10 分/项，省部级按 20 分/项，国家级按 30 分/项，主持的分数翻倍。分数上限为 50 分	
10	获得国家或软件著作权等	排名前三的，软件著作权（10 分/个）、外观设计专利（10 分/个）、实用新型专利（10 分/个）、发明专利（50 分/个）。分数上限为 50 分	
11	其他特色、创新及成果	比较非试点班以及试点班内学生的情况，经学校教学工作委员会认定后，视情赋分，最高 30 分	
合　　计			
人均分数			

注：各试点专业可根据具体情况适当调整赋分分值，可增加观测点和赋分点；1～11 项得分不能为零，如遇特殊情况，可酌情考虑。

5. 保障措施

一是经费保障。学校根据评审排名，对排名前 30%的"卓越班"（A 类）拨付 200 学时/年，后 70%的"卓越班"（B 类）拨付 100 学时/年预算经费。经费按学期拨付。二级学院对"卓越班"教学团队在课时核算、绩效考核等方面可予以倾斜。学生可考虑统一着装、统一配发学习用品、奖助学金适当倾斜等。对参与项目的学生，期终考核达到预期目标后认定 2 个学分公共任选课学分，如获得奖项，按学校相关管理办法予以奖励。除学校拨付的项目经费外，二级学院可适当配套相应的经费予以支持。

二是成果要求。项目成果应注重人才培养模式创新、师生科研社会与服务能力提升、学生创新创业等综合能力培养，突出综合学生素质提高与个性化发展；成果内容应与卓越技术技能人才培养项目相关，学生成果类别包括：竞赛获奖、专利申请、双创成果、参与科研项目、优秀毕业论文、发表论文、考取高级技能等级证书、学历提升等；"卓越班"A 类至少涵盖 4 项"双高"标志性成果，"卓越班"B 类至少涵盖 3 项"双高"标志性成果。"卓越班"应对获取技能等级证书比例、学习成绩平均排名、毕业后从事高端产业和产业高端的比例等反映班级整体培养质量的指标有所要求。

6. 奖励政策

（1）奖励对象。

按照"公开公正、严格标准、优中选优、宁缺毋滥"的原则，奖励在某方面表现特别优秀或者在各类大赛中获奖的在校学生和相关指导教师。

（2）奖励办法。

各类获奖，参照《重庆工程职业技术学院学生创新创业竞赛管理办法（试行）》《重庆工程职业技术学院学生专业技能竞赛管理办法（修订）》和《重庆工程职业技术学院教学类成果奖励办法（试行）》进行奖励。

学校每年按照"卓越技能人才评价标准"（表 7.2）评分结果，遴选不超过 10 名年度最杰出的学生进行奖励并颁发荣誉证书，其中一等奖 3000 元，二等奖 2000 元，三等奖 1000 元。如学生符合多项奖励条件，则按最高标准奖励，不进行重复奖励。奖励可采用现金或者其他形式资助。名额分配及奖项由党委学生工作部牵头，党委宣传部、教务处、团委、体育与国防教育部、通识教育学院与国际学院参与共同评定。

第 8 章　"类上班制"运行机制

重庆工程职业技术学院提出的高等职业院校软件类人才"类上班制"人才培养模式创新性地提出了"4S"人才培养新理念，即学习环境与企业工作场景类似、学习资源与企业真实项目类似、培养路径与职业发展过程类似、项目考评与企业绩效考评类似，充分形成了以"学习环境"为基础，以"学习资源"为抓手、以"培养路径"为方法、以"项目考评"为保障的"类上班制"人才培养新理论，丰富和发展了高职教育软件技术类人才培养模式理论。"类上班制"人才培养模式能够得以成功实施和广泛的推广应用，是与该人才培养模式运行过程中的严谨的实施步骤和严格可控的政策保障机制是密不可分的。

加强"产教融合、校企合作"协同创新人才培养模式机制的研究和因地制宜的创新发展，是对于构建我国完善的现代职业教育体系具有十分重要而深远的意义。"产教融合、校企合作"协同创新育人模式的探讨和研究一直是建立现代职业教育体系发展进程中的主旋律，现代职业教育在促进我国经济社会发展方面起到了举足轻重的作用，随着时代的进步和社会发展，现代职业教育的教育理念和教育模式都在不断的改革和创新[①]。党的十九大报告已经明确指出："完善职业教育和培训体系，深化产教融合、校企合作。"然而，目前大多数的合作仅仅局限于表面上的浅层次融合，学校和企业双方依然是处于相对独立的一个状态，没有进行很好的沟通和信息交流，同时也缺乏深度融合的有效运行机制。

"类上班制"提出的"4S"人才培养理念实际上就是一种深度践行"产教融合、校企合作"的新型人才培养理论。所谓的"产教融合"其实就是产业和教育相结合，然而其中实现产教融合的重要方式就是校企合作，这种方式的有效运行就需要学校和企业进行深入合作才能够完成的一种教育模式。产教融合实际上也是一种特殊的融合，并不是像我们日常所理解的二者合二为一融为一体的特殊融

---

① 林江鹏，张倩."产教融合、校企合作"协同创新人才培养模式运行机制研究[J]. 湖北经济学院学报（人文社会科学版）. 2018，15（9）：142-144+147.

合，而是二者之间仍然是一种独立关系，并不会因为二者的融合产生一种新的业态，这种融合指的就是二者的相互渗透、相互支撑。

国外学者关于"产教融合、校企合作"协同创新人才培养模式的研究主要集中在对企业主导模式、校企并重模式、学校主导模式等围绕在合作过程中谁占主导地位为宗旨展开研究，比如德国的"双元制"、美国的"契约合作"、法国的"学徒培训中心"分别对应以上三种不同模式下的典型合作模式代表类型。Allan Klingstorm（1987）认为"产教融合、校企合作"人才培养模式是将企业生产与教学内容相融合的一种育人模式[①]。Jon Whittle（2012）指出在校企合作过程中，职业院校的发展不仅需要符合市场经济发展规律，还得顺应院校自身的发展现实需要[②]。也有观点认为职业院校产教融合、校企合作创新人才培养模式下人才质量的高低主要与相关利益主体有很大的关系。在我国现代职业教育体系加快建设步伐的背景之下，国内诸多学者也展开了"产教融合、校企合作"协同创新人才培养模式的研究。认为产教融合需要校企之间相互融合，相互协作，齐心协力共同在人才培养全过程中发挥积极正向的作用，合作过程中要把握内涵、健全机制也是十分重要且也具有十分必要性的工作内容。"产教融合、校企合作"协同创新人才的培养模式主要目的是想通过学校与企业的合作，实现创新资源和要素的有效汇集，对职业院校、企业和社会的相关资源进行充分的整合和利用，推动学校与企业能够进行深度的合作，达到产教融合的目标。"产教融合、校企合作"的初衷及办学运行机制是根据社会和企业对于人才的需求而设立的，能够为社会和企业培养更多的创新型人才。

在深入剖析"产教融合、校企合作"创新型人才培养模式的原理和相关应用案例之后，我们不难发现校企命运共同体并没有得到很好的体现，尤其是各方利益主体之间的关系并没有得到很好的梳理，同时也缺乏相应的保障运行机制对其权益加以保障。

第一方面，首先就是保障机制中存在保障机制弱化的现象，外部保障机制不够成熟和完善，不能够很好的支持校企合作走深、走实、走稳，除此之外还存在

---

① Klingstorm A. Cooperation between higher education and industry[D]. Uppasal University, 1987.

② Whittle J, Hutchinson J. Mismatches between Industry Practice and Teaching of Model-Driven Software Development[M]. Berlin, Heidelberg:Springer Berlin Heidelberg, 2012, 40-47.

政府对于本教育模式存在支持力度不大的现象。其次是在校企合作过程中，学校和企业并没有对双方的权利和责任分配进行明确化的加以确认，由于没有明确的确认分配责任和权利，那么在教育教学活动过程中学校将占据主导地位，导致企业的作用不能够得到充分的发挥，这种情况的出现是十分不利于企业和学校的深入融合的。再者就是在保障资金方面存在一定的差异化，存在保障不足的情况出现，由于资金投放存在地区差异，又没有对资金使用方面进行规定，导致资金使用不合理，阻碍了校企合作的进一步发展和壮大。

第二方面就是约束机制存在问题，对于学校和企业的约束机制相对缺乏，对学生的约束机制也是缺乏的。在该模式中，学生并没有占据主导地位，学校和企业大多数仍然都是处于单独完成任务的状态，而且约束也是双方各自进行约束，缺少共同约束，阻碍了产教融合的发展。第三方面是协同机制不足，表现在企业协同不力。企业对于产教融合模式并没有投入很大精力，职业院校在教学过程中也并没有采取合适的教学模式，注重理论而忽略了实践，导致学生的实际应用能力较低。职业院校与企业缺乏沟通交流，导致校企合作力度不够，未能实现产教融合的目的。

最后一个方面是评价监督机制的缺乏。首先，学校对学生的评价标准不够合理，学校和企业对学生的监督管理不够，对学校教学质量的监控不到位，导致学校产教融合效率和质量不够高。因此，在校企协同育人模式中普遍存在合作不连续的问题。

高等职业院校在办学定位方面有别于普通本科院校，尤其是近年来随着高职扩招的政策实施，高职院校的生源质量也是在下滑。在产教融合、校企合作方面如果高职院校不认真审视自己位置，过度的追究与知名企业展开合作，往往换来的是合作不能够深入，导致人才培养的质量得不到实质性的提升。究其根本原因，是因为知名企业不能够通过校企合作的途径获得他想要的预期结果，在后备人才培养方面也不能够在合作过程中得到很好的保障和输送。因此，在深化产教融合与落实校企合作过程中一味地追求知名企业实则上是不太可取的操作。于是，重庆工程职业技术学院针对软件类专业"类上班制"人才培养模式中将深化产教融合和校企合作方面的注意力集中在中小企业或者具有创新活力的初创公司，我们知道，在企业发展过程中，对于规模较小或者成立不久之时的公司是渴望得到资源，渴望能够获得合作，在这种企业的内生动力之下，他们的合作动力和协作付出的努力是更加充足的。

在"类上班制"人才培养模式中，重庆工程职业技术学院创新性地提出了软件技术类专业校企合作可持续运行机制，形成"三方共赢、项目协作、协同育人"的融合协作局面，通过构建一定的准入与退出机制，保障合作企业满足给定的准入条件，提升内在动力，在合作阶段，学校将解决企业所需，为企业提供办公环境与商业资源，企业为学校提供真实项目与软件行业前沿技术，双方组建互惠互利、成果共享的命运共同体。"类上班制"人才培养模式所构建的可持续运行机制，为实施基于真实工作场景的"类上班制"软件类高层次技术技能人才培养模式提供制度保障。

如同"产教融合、校企合作"人才培养模式一样，"类上班制"人才培养模式的成功运行也是离不开保障机制的完善。产教融合的环境和相关政策法规是保证职业院校校企合作质量的基本保障，因此必须完善政策、法规，不断优化产教融合环境。建立和优化产教融合的运行平台，利用网络平台整合相关资源，实现资源共享。还可以引进一些国外的先进技术，充分发挥平台使用者的反馈信息，对平台的相关技术进行改进，提高平台运行效率。在建立和完善产教融合运行平台以后，还需要完善企业和职业院校的责任和权利分配，为学校和企业建立良好的沟通渠道，最后，要建立和完善"类上班制"运行平台的管理制度。

建立完善的约束机制，首先必须强化院校和企业双方之间的约束，可以制定相关的法规、政策对院校和企业进行约束，让学校和企业都能明确自身的责任和权利。还要制定相关制度对学校和企业内部进行约束。另外，还需要加强对学生的约束。学校可以通过制定校规、校纪对学生进行约束，企业可以制定适合企业的规章、制度对学生的行为进行约束。在教学过程中，要不断培养和增强学生的创新人才培养模式意识，让学生能够意识到人才培养模式对自身发展的有利之处，让学生能够重视并参与创新人才培养模式教学，提高学习积极性和主动性。

实行严格的监督评价机制，在深化产教融合与校企合作过程中，只有在建立和完善评价监督制度的基础上，严格实施对应的监督制度才能够保证达到校企合作所期望的效果。构建"考核+绩效"评价方法，有效地破解了学校考核方式与企业真实需求有差距的问题。首先是构建"主体多方、内容多层、方法多样"的考核方法。构建由学生、学校教师、企业导师组成的评价主体，学生开展自评和互评，学校教师与企业导师共同实施软件行业 KPI 考核，考察项目完成质量，同时对专业技能、创新精神、团队协作、沟通表达、自主学习能力等进行综合定量评价；构建由学习型项目、模拟型项目、真实型项目组成的多层评价内容，学习型项目侧重考查岗位技能，模拟型项目侧重考查团队协作，真实型项目侧重考查产出绩效；实施两阶段考评，第一阶段为项目中期，进行阶段性成果考核评价，针对存在的问题提出改进措施，保证项目进展顺利；第二阶段在项目完成之后，双方就学生在项目过程中的表现给出综合评价，同时探究校企合作中的矛盾和诉求，为开展后续合作奠定基础。其次是健全多元评价激励机制。在"教、学、做、思"一体化教室学习期间，结合实际项目开发成效展开学分的累积与转换探索，在满足考核要求的基础上，结合项目导师和学业导师的综合评审意见，可以给予相关课程免修或者直接给予学分认证的激励；此外，为了突出学生企业人的属性，学生在做实际项目期间，根据项目任务和价值产出给予奖励，形成带薪学习机制，充分实现学生人生价值的同时又提高学生的学习积极性和主动性。

在"类上班制"人才培养模式的运行过程中，我们将明确其实施步骤，严格制定相应的政策保障机制，以便确保在"类上班制"人才培养模式条件下软件技术类专业人才培养的质量。

8.1 "类上班制"实施步骤

为了充分保障软件技术类专业"类上班制"人才培养模式的顺利实施以及人才培养的质量，重庆工程职业技术学院围绕卓越班和实验班的组建、学生选拔、专业人才培养方案制定与修订、企业引入、项目启动与运行、学生就业等多个关键核心要素制定了详细的实施步骤和规定章程。

"类上班制"班级组建，"卓越班"或者"实验班"组建与学生选拔过程中，主要是在学校信息技术类相关专业范围内选拔学生组建实验班以便完成教育教学工作的改革试点。实施过程中遵照《重庆工程职业技术学院首届软件专业类上班制培养方案》《重庆工程职业技术学院软件开发实验班选拔与实施方案》等文件执行。在"卓越班"选拔与实施过程中，在学生的选拔与班级组建环节根据我们的选拔方案执行即可,然而,"卓越班"的日常管理与班级运行是"卓越班"人才培养质量得以保证的关键所在。"卓越班"班级的日常管理工作主要由二级学院进行,采用双班主任的形式,即每个班级配备专业班主任和生活班主任两名,分别负责班级学生的专业技术技能相关问题和日常生活管理与协调工作,在"卓越班"的中期检查与期中考核验收方面由二级学院配合教务处组织实施。

重庆工程职业技术学院软件类专业"类上班制"技术技能人才培养班致力于培养具有高竞争力的高职拔尖创新软件技术应用人才,着重培养 Java 软件开发工程师、Android 应用工程师、大数据应用工程师、软件测试工程师、项目实施工程师等。为了突出其培养目标,由重庆城银科技股份有限公司与重庆工程职业技术学院联合培养。

重庆工程职业技术学院为类上班制班级制定专门的人才培养方案和教学计划,由学校骨干教师、重庆城银科技股份有限公司企业项目经理构成班级师资团队。类上班制班专注于"因材施教""鼓励拔尖"和"企业创新项目"相结合的特色人才培养模式;设置分阶段的阶梯式项目培养环节:第一阶段为学习型项目,学生可进入一体化教室学习个性化课程包;第二阶段为模拟型项目,基于企业已交付的真实项目,模拟企业项目组架构,按软件生命周期完成项目开发;第三阶段为真实型项目,构建由"软件项目+科研项目+比赛项目"组成的真实型项目,学生可自主选择进阶平台。采用真实项目驱动教学项目的方式,由教师主导申请微企或校企共同成立校内工作室(研发中心)、协同创新中心,带领学生进行项目研发,确保教学项目的真实性、市场化和可持续发展,让学生能够真实地感受到企业的运作、市场的需求、项目执行及从事该领域的工作所需要的能力。

"类上班制"实施对于学生的能力素质有着严格要求,梳理符合职业发展要求的能力矩阵成为"类上班制"实施过程中重要的一环。"卓越班"的学生在学习期间是需要遵循班级制度管理中的进入与淘汰机制的,由于现代信息化技术随着科技的进步取得了飞速发展,基于"类上班制"的"卓越班"人才培养也需要跟上时代的脚步,能够接轨企业需求。因此,对于"卓越班"的学生培养目标提出了更高的要求,学生具有良好的人文素养、职业道德和创新意识、精益求精的工匠精神,较强的就业能力和可持续发展能力,掌握本专业知识和技术技能,面向重庆和西部地区的软件和信息服务业的计算机工程技术人员、计算机程序设计员、计算机软件测试员等职业群，能够从事软件开发、Web 前端开发、软件测试、软件编码、软件支持等工作的职业素养高、岗位技能精、创新能力强的高水平技术技能人才。结合学校人才培养目标与企业用人需求后，我们得出了软件类专业人才培养的职业素养和知识技能目标要求见表8.1。"卓越班"学生的培养过程中需要时刻对标软件类专业人才培养的基本要求。

表 8.1　软件技术专业人才培养基本要求

能力类别	要求
职业素质	1.践行社会主义核心价值观，牢固树立对中国特色社会主义的思想认同、政治认同、理论认同和情感认同具有深厚的爱国情感和中华民族自豪感； 2.崇尚宪法、遵法守纪、诚实守信、尊重生命、热爱劳动，履行道德准则和行为规范，具有社会责任感和社会参与意识； 3.遵守职业规范，具有良好的专业精神、职业精神、工匠精神、质量意识、信息素养和创新思维； 4.勇于奋斗、乐观向上，具有自主学习、自主管理、自主发展能力和职业生涯规划意识，有集体荣誉感和团队合作精神； 5.身心健康、具有良好的审美情趣； 6.具有一定的系统思维、设计思维和工程理念； 7.具有一定的创意、创新和创业能力
通用能力	1.具有较强的分析问题分析与解决能力； 2.具有较强的表达与沟通能力、团队合作能力； 3.具备创新创业与职业生涯规划能力、终身学习与专业发展能力
知识和技能	1.掌握面向对象程序设计、数据库设计与应用的技术与方法等专业基础知识； 2.掌握 Web 前端开发及 UI 设计的方法、Java 开发平台相关知识； 3.掌握软件工程规范、测试技术和方法、软件项目开发与管理知识，了解软件开发相关国家标准和国际标准； 4.具备计算机软硬件系统安装、调试、维护能力，能利用 Java 等编程实现简单算法的能力； 5.具有数据库设计、应用、管理能力，软件界面设计能力、桌面应用程序和 Web 应用程序开发能力，初步具备企业级应用系统开发能力； 6.具有软件测试、项目文档撰写、售前售后技术支持能力

　　基于"类上班制"的"卓越班"人才培养是聚焦计算机行业的关键科学和核

心技术应用问题，通过与企业、科研院所的紧密合作，优化配置教学科研资源，采用全新的符合专业高质量发展的人才培养方案与教学计划，面向国际学科前沿与社会发展需求，凝聚一支在计算机领域学术水平高、教学经验丰富的师资队伍，瞄准"高层次技术技能人才"培养目标，打造计算机类专业高层次技术技能人才培养基地。软件技术专业实验班人才培养的目标是为了能够培养从事软件技术开发的专业技术人员，在"卓越班"运行过程中，明确实验班学生的培养目标，遵从软件技术人才培养过程中从事软件开发所应具备的相关能力，具体能力要求见表 8.2。

表 8.2　从事软件技术开发人员能力矩阵图

能力类型		能力要素
基本能力	专业英语阅读	认识计算机专业术语、翻译、写作等
	软件应用能力	具备熟练地安装、维护各种操作系统（WINDOWS、LINUX）各种应用软件；具备熟练地安装、配置、维护各种网络服务；具备熟练地安装、使用各种工具软件；根据需要搭建开发和运行环境
	软件编程能力	具备掌握程序编程的基本步骤、基本方法以及常见的基础算法，开发基本的逻辑思维能力，培养分析问题、解决问题的能力
	数据库开发应用能力	数据库的安装与配置；数据库的创建、管理、维护；熟练运用 SQL 语句实现对数据库的访问；熟练使用视图与存储过程，理解触发器的作用并能编写简单触发器
综合能力	软件开发能力	熟练编写桌面与 WEB 程序开发；熟悉常用组件的使用，能进行企业级项目设计与开发；能进行多媒体、网络与多线程与数据库编程；熟悉网站建设的过程，能够进行网页的设计、开发与部署；熟练编写基于 Android 平台的移动终端应用程序可开发
	软件文档编写与阅读	了解软件开发文档的种类与作用，能够阅读常见软件开发文档。掌握软件文档编写的主要内容与格式，能够进行简单文档编写
	软件建模能力	具备初步面向对象程序设计软件的分析与规划能力；熟悉 UML 语言；熟练掌握 Rose 工具，PowerDesigner 工具，Visio 工具，原型设计工具

确定"卓越班"人才培养基本素质要求与学生基本能力要求后，结合《国家职业教育改革实施方案》《职业教育提质培优行动计划》《关于开展高等职业教育专业人才培养质量和课程质量评估工作的通知》《关于职业院校专业人才培养方案

制定与实施工作的指导意见》等文件精神，遵循职业教育发展规律、落实立德树人根本任务，将社会主义核心价值观贯穿技术技能人才培养全过程。"卓越班"在实施过程中是符合我校要求的科学设计的工学交替、现代学徒制、企业创新创业实践班、卓越技术技能人才培养班等多样化培养路径，是符合我校办学定位与人才培养目标的，旨在为社会、行业、企业培养高素质复合型技术技能人才。在设计符合"类上班制"人才培养特色的软件技术"卓越班"人才培养方案过程中，除了结合并嵌入以上文件要求精神的同时，也要遵循《重庆市工程职业技术学院人才培养方案制定管理办法》中的要求。在"卓越班"实施过程中，人才培养方案一般在一个培养周期完成后会进行一次修订，除此之外，也会酌情根据国家或社会行业发展的要求，修订出更加符合"卓越班"的人才培养方案。

符合软件技术专业的学习环境是确保"类上班制"人才培养模式中学生高效学习的重要环境依赖。"类上班制"模式下的软件技术专业人才培养过程中，我校基于打造的"教、学、做、思"一体化教室展开项目式教学，旨在通过打造符合企业真实工作环境的学习环境，引入企业真实项目，重构学生学习过程中的教学内容。在我校实践过程中，我们先充分调研了目前项目式教学的开展情况，发现一般校企合作协同育人模式中存在的部分弊端，诸如项目内容的选定及教学过程比较随意，没有严格按照企业真实项目开发工作流程和能力要求去设计课程内容，没有能够真正的契合企业真实工作场景下的人才能力需求。存在企业选择、项目化教学资源改造、实践项目开发等方面的问题。重庆工程职业技术学院在"类上班制"人才培养模式探索与实践过程中，根据软件技术专业人才能力要求，结合高等职业院校与企业深入合作的意愿情况，着力与中小企业展开合作，吸引中小企业能够将项目带入学校，工程师带领学生一起做真实项目，对接人才培养能力标准。学校教务处与二级学院共同制定企业进入与退出机制管理办法，以确保"类上班制"人才培养模式推进过程中校企双方利益，通过引入退出机制能够保证校企合作的进一步走深、走实。

在项目式教学运行环节，从软件技术类项目特有的项目开发规律出发，在实施过程中，从项目需求分析到软件开发设计，从项目立项到项目验收全部涉及。在日常教学课堂上就引导学生们熟悉软件开发规律，为毕业后的零距离就业铺平道路。

学生的就业能力是反映人才培养质量的关键所在，软件技术专业"类上班制"人才培养模式的提出实现了软件专业和行业、企业全面挂钩，在培养过程中学生能够根据自身兴趣爱好和特点参与企业工作，熟悉工作过程，能够为学生们的个性化发展提供帮助，有助于提高学生们的就业竞争力，增强学生企业后的社会工作适应能力。在实施过程中，为了更好地掌握学生们的就业能力情况，专业导师在项目实施过程中，根据每个项目组中每一位成员的基础知识掌握情况、专业技能掌握情况、技能迁移与变通情况等方面综合评估每个同学的就业能力指数，每个项目结束后，专业导师与专业班主任一起分析班级学生能力情况，形成动态调整策略，提升每位同学的就业能力指数，确保每位同学能力得到提升的同时也能够保证高质量就业。

8.2　"类上班制" 政策保障

软件技术专业实验班是我校实行"类上班制"人才培养模式探索的试验田，通过自 2013 年开始实施以来，已经取得了不错的实施效果，无论是从学生的能力提升还是从学生的就业竞争力方面来说，都得到了很大的改善。在实验班学生的培养过程中，始终坚持以学生的基础素质能力为依托，提升专业核心能力，最后通过人文素质、技能大赛、认证考试等环节实现能力的拓展。

软件技术类专业"类上班制"人才培养模式能够得到高效、正确的实施是离不开合理的政策保障的以及相应完善的组织保障体系。

完善的"类上班制"实施保障机制制定与领导小组，负责制定与审查类上班制项目相关的制度、机制以及政策等，能够站在全局的角度来统筹协调"类上班制"人才培养方案的顺利实施与改进。领导小组来自分管教学的校领导，教务处领导，二级学院书记、院长、分管教学的副院长、教务科长、学生科长、教研室主任、专业带头人等组成，有效的领导结构确保了沟通的畅通性、有效性与时效性。

为了更好地实现"类上班制"中"教、学、做、思"一体化教室的有序建设与高效使用，制定了《卓越班固定教室管理办法》，学校将为实行"类上班制"的卓越班与实验班等提供专用的固定教室，提供固定桌椅、电源、网络、多媒体教学资源，固定教室即学生软件开发场所，实现理实一体或工作室，一人一个工位，除涉及学校公共课外，其他学习环节均在固定教室完成。确保了每位同学在卓越班学习期间不为办公场地而愁，便于他们有更多的时间参与项目开发，锻炼自己，提升能力。

为了使得"卓越班"办学过程中的学生生源质量得到保障，同时能够让"卓越班"时刻保持真实软件类公司的活力，我们在实施过程中制定了《类上班制人才培养模式下"卓越班"管理办法》（本段描述中简称管理办法），管理办法中规定了学生的选取要求以及学生的退出机制，一旦学生在班级学习期间发生挂科等事情，就会根据管理办法自动退出"卓越班"的学习，返回原班级。此外，管理办法中还规定了学习成绩与项目任务完成情况的学分转换方法，鼓励学生们认真学习基础理论知识的同时，积极参加项目开发。管理办法也规定了班级管理过程中的教师队伍配备要求，类上班制班级实行导师制，多班主任（辅导员）制（其中1名为二级学院院级领导，另外1名为企业导师），班主任（辅导员）主要负责学生日常学习和生活的管理，二级学院院级领导担任辅导员主要负责解决一些重大问题和引导学生的专业发展，企业导师负责培养学生职业素养；每6名左右的学生配备1名具有项目经验丰富的教师担任导师，进行学业指导，学生随指导教师参加软件开发项目及有关科研活动，每个指导教师至少带领学生完成3个创新软件项目。选派专业团队优秀的教师担任课程及项目教学，同时在软件企业聘请5~6名既有较强理论水平又有丰富实践经验的软件开发工程师或项目经理担任兼职教师进行实践和顶岗实习、学生毕业设计指导等教学，聘请软件企业资深开发工程师定期到学校进行知识和技能交流，邀请企业到学校建立工作室和研发中心，企业项目在学校完成开发。企业导师也有退出机制，如果企业导师在校期间达不到以上培养人才方面的要求，那么学校就会要求企业更换企业导师。

制定《卓越班教学管理方法》从教学角度针对性地补充了卓越班管理办法中的一些不足，尤其是教学方面没有考虑到位的问题。进一步规范了卓越班上课要求，包括理论课、实训课、项目实践课等教学要求，以及相应的考核标准。实际运行过程中，依托此教学管理办法，规定了学院层面的一些责任与义务，更好地确保卓越班的高效运行。教学管理办法中制定了一些教学评价方法，建立动态退出与补缺机制。

　　"类上班制"实施班级也制定了符合专业发展需要的资金保障体系机制，考虑到项目教学过程中，会涉及固定教师的一些损耗性物品开销、软件产品、基本耗材等费用，我校在实施过程中，从二级学院的教学运行经费中留有专项资金预算用于"卓越班"的日常运行资金使用。

　　制定了"卓越班"班级学生激励管理办法，在激励管理办法中，班级学生在就业推荐、职业培训、技能竞赛、创新创业比赛、技术研发项目、科研项目、课外学术科研活动和交流访学活动等具有一定的优先权，根据自身实力的不断提升，学生也更受用人行业、企业欢迎。

　　随着行业的发展，"类上班制"人才培养模式实施过程中将不断地更新和完善相应的政策机制，能够增强"类上班制"人才培养模式下软件技术类专业人才培养的适应性。

第 9 章　"类上班制"实践效果

9.1　创新校企合作办学新理念

1. 创立了高职院校软件类专业办学新理念

高职软件类专业是以学生实践技能培养为重点，强调综合素质的养成，以期培养符合软件开发相关企业需求的高素质劳动者和软件技术技能型人才。近年来，各高职院校针对软件类高技能型人才培养模式进行了大量探究，并在实践中取得了一定的成效，但是高职院校软件技术类专业人才培养模式仍存在一些难点问题，诸如办学主体知识前沿性不足、缺少技术创新性，缺乏校企双赢的合作机制，企业参与积极性不高，缺乏行业背景、学生竞争力不强，校内教育教学平台与职业环境不匹配，教学环节和课程体系不能满足新时期分层分类人才培养的需要等。

针对软件技术升级换代周期越来越短、软件人才知识技能滞后的实际情况，"类上班制"软件类人才培养模式在已有校企合作基础上，以培养"技术能力强、项目能力强、创新意识强"的高素质软件技术人才为目标，引入企业入驻学校，引入科研机构，提出"三方共赢、项目协作、协同育人"的软件技术人才培养理念，以校企研三方的利益为切入点，构建校企研合作育人共同体，形成校企融合、校研融合和企研融合的"三融合"育人机制，充分融合科研院所掌握的前沿技术和理论，并融合企业的项目实战能力，提升校企育人的质量，有效解决传统的校企双主体联合办学存在技术前沿性不强，缺少创新的问题。

2. 拓展了专业与课程改革深度

在校企育人模式实施过程中，众多高校均实施项目式教学法，但是在项目内容的选定以及教学过程的实施上比较随意，没有严格按照真实项目的工作流程和能力要求去设计课程内容，更大程度是停留在教学形式上的模仿，并没有真正领会任务式教学的精髓。实践环节没有做到位，对学生的职业技能培养不足①，究其原因是由于专业群的核心课程体系设置不合理，与实际工作需求严重脱节。

要做到专业核心课程建设紧随时代发展、紧跟企业需求，在教学实施过程中必须要有创新，"类上班制"人才培养模式按照"培养路径与职业发展过程类似"的理念，构建"学习型项目+模拟型项目+真实型项目"的渐进式培养路径，并依据三阶段项目要求，与企业、科研院所共同制定课程体系，我院利用"三平台"，依据"岗位群能力集课程包"教学设计模型，建立"基础技术工程应用创新创业"的能力训练体系，形成以"教育教学课程包、工程应用课程包、创新创业课程包"为主线的教学资源，以岗位能力为核心，遵循软件技术人才成长规律，注重学生能力的差异性和软件技术不同岗位的差异性，重构软件技术"基础技术阶段、工程应用阶段、创新创业阶段"三阶段教学环节及模块化（软件开发方向、Web 前端开发、软件测试）课程体系，有效破解人才培养体系阶段培养目标不明确、缺乏整体设计的问题，实现学生进阶式和分层分类培养。同时依据企业项目梳理知识点并融入到课程教学内容中，优化相关专业及课程体系，同时将软件技术专业群核心课程与工作岗位对接、与职业资格证书融通、与技能大赛融合。同时通过架构"类上班制"工作环境，注重学生综合职业素养的培养，将企业项目的知识点、企业综合素养由浅入深地融入到课程教学中，有效提升学生的学习兴趣，提高学生的综合素质和创新思维。

其一，基础技术阶段。注重学生软件技术职业基本素质的形成，将工程成熟案例和创新创业理论课程融入教育教学课程包，改传统课程实习为项目实习，由多门课程共同支撑一个完整项目。将学生分为若干项目组，每个组完成不同项目，并由多位老师同时指导，加入了项目答辩环节，使学生有完整的项目体验，基本职业能力得到全面提高。

其二，工程应用阶段。注重真实项目实践和企业文化熏陶，将企业真实案例和专业竞赛课程融入工程研发课程包，校企研三方人员均以项目经理或者工程师的身份进行统一管理，与学生一起进行软件项目的设计、开发与实施，学生按照项目进展进行岗位互换，实行项目学分替换制，使学生提前融入企业环境，并得

---

① 江岸. 高职软件技术专业群"课岗证赛"融合下的核心课程体系建设及改革[J]. 职业，2019
（05）：40-41.

到全方位的岗位锻炼。

其三，创新创业阶段。注重学生的个性化发展，将创新实验和创业体验融入创新创业课程包。该阶段实行创新创业导师制，校企研的创新型项目和智云众创空间的创业体验，为学生提供了多元化的选择，实现了学生个性化培养。

3. 完善了人才培养目标和校企合作保障制度

软件类专业人才培养要求是具备软件产品开发的组织能力和软件生产的管理能力，其中涵盖软件设计开发、系统维护与应用等专业知识，由于软件类专业相关技术在生活中应用非常广泛，因此人才培养目标应该与企业市场需求相匹配。随着时代的发展和变革，高职院校在软件类人才培养过程中，应积极转变思维，在传统知识传授的基础上要逐步提高学生创新意识、实践能力，并深入挖掘新成果的价值，培养契合时代发展的软件类专业人才。高职院校要构建学生个性发展与学习培养融为一体的模式，做好基础教育，做到"因材施教、共同成才"，在人才培养过程中让学生结合自身兴趣爱好选择相应的课程，以此增强学生主动学习意识。基于此，我院与相关企业、科研院所共同制订人才培养方案，开发专业课程，共培校企人才，共建共享实训基地，共同研发科研成果与技术，实现密切合作，从而达到学校分享企业教学资源，企业实现技术和经济效益相互促进共同提高的目的①。该模式自实施以来，通过实施过程的考核评价，依据评价结果对人才培养体系和校企合作制度不断更新完善。

其一，我院与重庆南华中天信息技术有限公司合作成立校外实训基地与校内企业研发中心，创新软件技术人才培养模式，培养高技能人才。重庆南华中天信息技术有限公司与我院围绕双方资源配置和利益平衡点，以培养"职业素养高、岗位技能精、创新能力强"的高层次软件技术人才为目标，积极探索软件类专业高层次人才培养新模式。重庆南华中天信息技术有限公司主要围绕师资队伍建设与培养，学生前沿知识和创新能力培养，学生进行产品应用、技术研发和创业体验、制度建设等方面进行了指导，不断提升学生软件研发技能、可持续发展能力、工程应用能力、创新创业能力、个性化发展等。

其二，中国科学院重庆绿色智能技术研究院与我院双共同组建了"数据服务

---

① 方丹丹. 我国高等职业院校校企合作办学实践研究——以杭州职业技术学院为例[D]. 西南大学，2014.

与软件开发实验班",创新软件技术人才培养模式,培养高层次人才。中国科学院重庆绿色智能技术研究院与我院围绕双方资源配置优势和利益平衡点,以培养"职业素养高、岗位技能精、创新能力强"的高层次软件技术人才为目标,积极探索软件类专业高层次人才培养新模式。中国科学院重庆绿色智能技术研究院主要围绕师资队伍建设与培养,学生前沿知识和创新创业能力培养,学生进行产品应用、技术研发和创业体验、制度建设等方面进行了指导。中国科学院重庆绿色智能技术研究院在该成果中就学生软件研发技能、可持续发展能力、工程应用能力、创新创业能力培养、学生个性化发展等方面作出了重要贡献。

其三,重庆城银科技股份有限公司、中国科学院重庆绿色智能技术研究院、重庆工程职业技术学院三方通过深度合作,在高职软件类专业人才培养模式方面开展深入合作,形成了"利益平衡、相与共进"的合作机制,以培养"职业素养高、岗位技能精、创新能力强"的卓越软件技术技能人才为目标,构建了高职软件类专业"类上班制"人才培养模式。重庆城银科技股份有限公司作为国家高新技术企业,与学校共同出资共建工作室,促进学生工程实践能力提高和个性化培养,在学生实践教学和工程应用能力培养方面给予师资支持,同时将企业真实项目融入课堂教学,将产品纳入"工作室"共同研发,提高了师生的技术水平和社会服务能力,协助学校完成制度建设和教学资源开发。

9.2 服务专业群能力凸显

1. 提升高职院校学生综合素养

（1）学生综合素质显著增强。

其一,教学资源优化、岗位精神凸显。"类上班制"培养模式整合和优化了校企双方的教学资源,培养了一支理论基础和教学经验丰富的专职教师队伍,而且还有一支来自企业软件开发第一线的工程师队伍,该模式使学校教师和企业工程师都能更有效地帮助学生进行学习,增长了学生的见识,拓宽了学生的知识面;对于学生而言,通过该培养模式可以接触真实项目,并与老师和学生形成项目团队,提前体验工作岗位的责任和分工,不断增强岗位意识,形成岗位精神,在反复的项目研发中,通过不断加强对学生软件应用技术技能的实训和理论教育,不断增强职业精神，提前完成了由学校向社会的转变，为以后顺利进入工作岗位打下了良好的基础。

其二，人文素养提升、职业意识加强。经过"类上班制"软件人才培养模式的创新和实践，结合校企融合的人才培养机制，既能够提高学生的专业水平和综合能力，还能提升学生的综合职业素养。一方面，在"类上班制"人才培养模式推进过程中，毕业生可以通过参加国家级职业技能大赛，免试攻读本科，我院软件类专业每年通过技能大赛推免本科人数达 10 人左右，以此提升自身学历修养；另一方面，学生还可以通过参赛获奖拿到大企业的 Offer，进入大企业工作的毕业生数量增加，在一定程度上凸显出"类上班制"人才培养模式给高职学生、高职院校以及社会带来的促进作用。"类上班制"软件人才培养模式实现企业工作内容和课程教学的无缝衔接，该模式在职业教育发展中占有非常重要的地位。

（2）学生技能水平显著提高。

其一，基础知识扎实、专业技能增强。"类上班制"培养模式的实施有利于学生更好地掌握理论基础知识，通过"类上班制"理论结合真实项目案例的教学方式，全面提高了人才培养质量，达到高水平技能型人才培养的要求，使得学生具有较强的软件开发、测试、维护能力和团队精神。"类上班制"人才培养模式下的毕业生就业率逐年攀升，从 2013 年的 85%增长到 2020 年的 98%；毕业生的专业对口率在 2020 年也达到 93%，毕业生从事软件开发的人员达到班级人数的 75%～80%，从事软件相关岗位人数占 23%～31%；软件类专业 2019 届毕业生一年后月薪达 5400 元的占 85%，高于本校平均值 21%，高于全国高职同期月薪 10%，与 2018 届 43%相比，增幅达 49%；我院自实行"类上班制"以来，每年约有 3～5 名学生进入中国科学院重庆分院、中国煤炭科学研究院重庆分院等大型科研院所工作，且工薪待遇良好，年薪可观，奖金丰厚，为学生工作带来动力和挑战。

其二，实践能力显著、创新意识提升。学生三年级时，进入真实项目开发训练阶段。该阶段学生进入中国科学院重庆绿色智能技术研究院、重庆城银科技股份有限公司、重庆网安计算机技术服务中心、学校和企业联合成立的软件技术研发中心等进行工程实践能力培养，做到每位学生在毕业前都有一年及以上的真实项目开发经验，切实提高了学生的软件开发实践能力。同时在三年级实践中融入创新创业课程,并引导学生参加创新创业项目,培养学生的创新创业意识。同时,"类上班制"培养模式依托"以赛促学、赛创结合"的方式,用环境培育学生实践能力和创新意识,我院自成果实施以来参加国家各级各类技能比赛获国赛特等奖 1 项(全国第一名)、国赛一等奖 7 项(全国第一名 3 项、全国第二名 1 项)、师生共同研发专利 30 项、横向项目 20 项、软件著作权 11 项。本校软件类专业毕业生作为企业骨干,为华为、联想、惠普、中国科学院重庆绿色智能技术研究院、中国煤炭科学研究院重庆分院等知名 IT 企业和科研机构的重大信息工程提供了交付、运维等技术服务。同时与华为、百度、英特尔、中兴、新大陆、新华三、东软、轨道集团、中航等 100 多家知名企业建有稳定的就业渠道,毕业生供不应求。毕业生就业质量好,岗位薪酬高,深受企业好评。

2. 强化高素质双师型教学队伍建设

教师队伍是校企合作高效开展的有力保障,通过提升高职院校教师能力,吸引企业内部专业技能优秀的工程师,参与高校共同建立特色专业、企业研发中心、专业技能培训基地等,实现校企共建共享的模式,建立一支"专兼结合"的师资团队,提升人才培养质量。

其一,"类上班制"人才培养模式促进校企双方人才实现"互兼互聘"。为合理配置人才梯度,提升教师实践能力,加强与企业协作的深度,一是聘用企业工程师为兼职教师,除了给学生上课以外还对专任教师进行培训,一方面将企业核心知识贯穿至全过程教学体系中,另一方面对专任教师进行技能培训,提升专任教师的实践指导能力;二是安排学校教师进企业顶岗实践,通过真正参与企业真实项目,提高自身理论联系实际的能力,并将前沿知识贯穿到课堂授课中,使得学生与企业实现无缝对接。通过上述措施组建了一支同时具备理论基础知识和专业实践能力的教学队伍,提升了育人质量,同时也促进校企合作的紧密性。

其二,"类上班制"人才培养模式建立校企双方"互联互动"的模式。一方面,通过激励措施提升企业教师的参与度和高校教师的积极性,建立完善的激励管理制度,将学生的项目考核纳入教师奖励机制中去,对考核优秀的给予奖励,同时重点培养师资队伍中具有影响力的专业带头人和骨干教师团队。另一方面,积极促进学校教师参与企业技术研发和项目实施,为企业方提供理论知识支持,院校通过优化单一课时分配制度,建立"品牌教师"激励措施,提升高职院校教师的创新力，激发高校教师参与企业研发的积极性、主动性。

其三，"类上班制"人才培养模式创新实践促进教师能力得到提升。"类上班制"人才培养模式创新实践要求"双师型"教师有深厚的理论知识、雄厚的技术技能以及凸显的创新能力，随着"类上班制"人才培养模式的实践和推广，学校对"双师型"教师的教学方法和教育理念制定了新要求。即"项目引导、任务驱使、学做合一"的教学方法和"因材施教、德育共济、知行合一"的教育理念。在"类上班制"人才培养模式下，企业能把学校专业教师融入企业技术团队，使教师能够及时掌握行业发展和技能需求。学校教师除正常的教学外，还可以共同参与企业项目开发和科研机构成果转化与推广，此举措能保障学校师资水平与时俱进，帮助学校不做市场技术发展的落后者，教师在提升自身专业实践能力的同时，在育人过程中加深学生对专业知识的理解以及对未来职业的前景规划。

3. 深化校企合作办学机制

"类上班制"人才培养模式促进学校企业共创长效的合作机制，实现优势互补、互利互惠、合作双赢。主要表现在以下几方面：

（1）从企业的角度看，企业能够有效地与高校、学生形成合力，完成社会人才需求的培养、人才的选拔和储备，同时也完成高校育人的初衷，有助于进一步提升企业影响力，同时也进一步提升高校的影响力。

（2）从学校的角度看，学校通过全过程贯穿真实项目，能够不断深化校企合作，加强师资建设和资源整合，促进专业和课程建设，借助企业先进的技术和实践经验完成师资培训并共同开发课程资源和教学资源库，促使学校得到整体全面发展。

（3）从校企合作角度看，"类上班制"软件人才培养模式有效推动了我院国际合作办学模式，形成了"文明互鉴、三方共建、双元培养"高职国际合作 CEC 模式，并形成一系列 CEC 品牌项目。自成果推广以来，我院接待泰国、乌兹别克斯坦等 17 个国家等教育团体和政府部门来校交流 40 余次，与俄罗斯莫斯科国立工艺大学等合作探索"类上班制"教学模式改革，共同培养软件类专业国际化技术技能人才，服务"一带一路"。

9.3　校内外影响力逐步扩大

1. 学校社会影响力不断扩大

学校被重庆市经济和信息化委员会评为"重庆市信息技术软件人才培养实训基地"；以蛙圃美克工作室、创杰科技工作室、佳博软件开发工作室、AC 广告工作室等四个工作室为依托建立的"智云"众创空间被重庆市教育委员会和重庆市科学技术委员会分别评为"重庆市高校众创空间"和"重庆市众创空间"。软件类专业学生招生报考率和报到率比 2013 年分别提高了 120.3% 和 7%；软件技术专业招生从 2014 年报到 50 人增加到 2017 年的 248 人，报到率为 98.41%。学校教师为主体参与的校企研三方共同体完成项目研发 30 余项，转化科研成果 8 项，一方面为企业和科研院所发展节约成本，另一方面教师社会服务能力明显增强。校企研共同体"三融合、三平台、三阶段"的人才培养模式在重庆工程职业技术学院软件技术专业实施后，在校内外产生了积极影响。学校相继与中兴通讯股份有限公司、北京华晟经世信息技术有限公司构建合作办学共同体，共同建立"中兴通讯信息学院"，在"移动通信技术""云计算技术与应用"联合开展专业人才培养，取得良好效果；且校企研共同体人才培养模式得到了重庆市及外省市 30 多所同类专业学校的好评和学习借鉴。

学生的就业在工程实践阶段完成，一部分学生在项目实践阶段就被公司录用，另一部分学生通过学校举办的企业招聘会录用，毕业学生供不应求。实验班学生已毕业两届，学生就业率达到 100%，专业对口率达到 90%，毕业半年企业满意度达到 90%。通过校企研共同体育人的实践，切实解决了传统校企合作中仅某一方受益，导致合作积极性不高、合作深度不够、合作时间不长等问题。自从 2013年成立首届共同体以来，目前已经进行了 6 届，每年报考软件技术专业的学生越来越多，生源质量越来越好，软件技术专业成为我院电子信息类专业报考人数和在校生人数最多的专业，为我国高职软件技术人才精英培养探索了一条有效路径。

2. 国内外广泛推广

首先，校内推广应用。成果自 2017 年起，在软件技术专业试点，2019 年开始在校内其他软件类专业推广应用，受益学生累计 5000 余人，为企业提供社会培训服务 2000 余人次。第三方统计数据表明，软件类专业 2020 届毕业生在成渝地区就业一年后月薪达 6500 元的占 85%，高于本校平均值 21%，高于全国高职同期月薪 10%，与 2018 届 43% 相比，增幅达 49%。软件类专业 2020 届毕业生就业率、企业满意度和专业对口率分别达 98%、95%、93%，远高于 2018 届的 90%、82%、80%，增幅分别为 8%、13%、13%。本校软件类专业毕业生作为企业骨干，为中国科学院重庆绿色智能技术研究院、重庆南华中天信息技术有限公司、亚德集团等知名 IT 企业和科研机构的重大信息工程提供了交付、运维等技术服务。

聚焦职教公布的软件类专业 2019—2021 年全国职业技能竞赛一等奖数量排名中，我院位列全国第 2 名，重庆市第 1 名，其中 2021 年位列全国第 1 名。参加软件类技能比赛获国际二等奖 1 项，国赛一等奖 5 项（全国第一名 1 项，全国第二名 1 项），省部级一等奖以上 53 项。

成果实施以来建成国家级骨干专业 2 个，省部级骨干专业 3 个，省部级一流专业群 1 个，入选国家双高建设专业群专业 2 个，获批重庆市特色化示范性软件学院建设单位，软件技术专业被重庆市经济和信息化委员会授予软件人才培养实训基地，主编立体化教材 20 种，获国家级精品在线开放课程 1 门，省部级精品在线课程 7 门，累计学习人数近 12 万人。创建的"智云众创空间"被重庆市教委授予"重庆市高校众创空间"称号，被重庆市科委授予"重庆市众创空间"称号，该空间成功孵化了蛙圃美克、创杰科技、佳博软件开发等 13 个具有法人资质的校企导师工作室和移动互联、嵌入式、软件测试等 10 个技能比赛工作室，成果实施以来，学校为企业服务项目共 53 项、入驻企业年均到账 1000 万元，师生共同研发专利 32 项，软件著作权 51 项。

其次，国内推广应用。在全国高职电子信息专业学术年会、江西省高校师资交流会等会议上介绍本成果 30 余次。成果被市内 26 所、市外 93 所高职院校的软件类专业借鉴、推广和应用。

最后，国际推广应用。接待泰国、乌兹别克斯坦等 17 个国家等教育团体和政府部门来校交流 40 余次，与俄罗斯莫斯科国立工艺大学等合作探索"类上班制"人才培养模式改革，共同培养软件类专业国际化技能人才，服务"一带一路"。如图 9.1 所示。

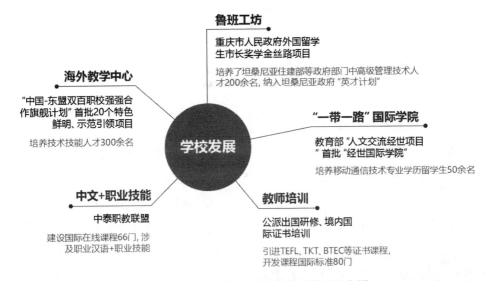

图 9.1 "类上班制"人才培养模式作用示意图

3. 媒体宣传广、社会评价高

自"类上班制"人才培养模式实施以来，得到了媒体广泛宣传，其中光明日报以 2018 级学子代浩淋求学经历为主线，讲述了他在"基于真实工作场景"的人才培养模式下的所思、所获、所感，报道讲述了引入企业真实项目，采用项目化教学方法，按照企业生产流程和作息时间，模拟职业岗位，帮助学生在真实的工程场景中进行专业学习的典型案例，"类上班制"人才培养模式完善了创新创业孵化基地，加大了产教融合力度，对于学生而言，实践成长的平台更多了，促进专业技能提升的机会也更多了。同时，中国网等媒体也以"基于真实工作场景的类上班制软件人才培养模式创新"为题报道了本成果，重庆日报以"推出类上班制培养高素质技能人才"为题展示了人才培养成效。

第 10 章　总结展望

软件人才是软件产业发展的核心要素,软件产业的竞争根本上是人才的竞争。《中共中央关于制定国民经济和社会发展第十四个五年规划和二〇三五年远景目标的建议》指出,要激发人才创新活力,全方位培养、引进、用好人才。

我院在建立校企研共同体的基础上,针对当前软件类专业人才培养存在教学环境缺乏真实、教学内容脱离实际、职业能力不符要求等问题,依托《软件类专业类上班制培养方案》与《软件技术专业创新型项目化人才培养教学改革研究》等 4 项市级教改课题,基于软件类人才成长规律,提出了学习环境与企业工作场景类似、学习资源与企业真实项目类似、培养路径与职业发展过程类似、项目考评与企业绩效考评类似等四个类似(简称"4S")的"类上班制"人才培养模式。

10.1　经验总结

我院在"类上班制"人才培养模式实践中搭建了"课内+课外"双贯通学习环境,构建了"分方向、全周期"教学资源,设计了"学习型项目—模拟型项目—真实型项目"人才培养路径,构建了"考核+激励"评价方法,具有创新性和可操作性,该教改方案从 2017 年 9 月开始实施以来,学生岗位职业能力和就业竞争力明显增强,毕业生就业率和就业质量明显提高,广大学生受益,用人单位满意,推广应用效果好,对职业教育教学改革起到了重大示范作用。

1. 主要实现路径

一是学习环境重构。按"学习环境与企业工作场景类似"理念,构建了课内与课外双贯通学习环境;课内学习环境设置一体化教室,课外学习环境设置校内企业研发中心等 5 种进阶平台。

二是教学资源重构。按"学习资源与企业真实项目类似"理念,依托企业真实项目,按软件生命周期建设不同专业方向个性化课程包。

三是培养路径重构。按"培养路径与职业发展过程类似"理念，构建了"学习型项目+模拟型项目+真实型项目"的渐进式培养路径。第一阶段为学习型项目，学生进入一体化教室学习个性化课程包；第二阶段为模拟型项目，基于企业已交付真实项目，模拟企业项目组架构，按软件生命周期完成项目开发；第三阶段为真实型项目，构建由"软件项目+科研项目+比赛项目"组成的真实型项目，学生自主选择进阶平台。

四是考核评价重构。按"项目考评与企业绩效考评类似"理念，以学生、学校教师、企业导师为评价主体，以学习型、模拟型与真实型项目为评价内容，借鉴 KPI 考核，形成多元评价体系；实施带薪工作、按任务分配、按价值奖励，提高学生积极性。

2. 关键改革创新

（1）创建了"类上班制"人才培养新理论。成果创新提出"学习环境与企业工作场景类似、学习资源与企业真实项目类似、培养路径与职业发展过程类似、项目考评与企业绩效考评类似"的"4S"人才培养理念，形成以"学习环境"为基础、以"学习资源"为抓手、以"培养路径"为方法、以"项目考评"为保障的"类上班制"人才培养新理论，在《实验技术与管理》等期刊发表了《高职院校软件类卓越技术技能人才培养路径》等 5 篇核心论文，丰富和发展了高职教育人才培养模式理论。

（2）创建了软件类专业校企合作可持续运行新机制。成果通过构建多元化投入、人员互训互聘、基地共建共享、项目互利互惠机制，搭建校内企业研发中心与校外实习实训基地，拆分企业真实项目，构建不同方向课程包，提升师生技能水平，从而更好地为企业服务，实现良性循环，形成"三方共赢、项目协作、协同育人"的可持续运行机制。

（3）创建了"全过程个性化"的软件类人才培养新方法。成果充分考虑生源多样性、学生志趣差异性，从三个方面实现全过程个性化育人，其一是专业方向个性化，根据软件类专业岗位群，将专业划分为不同方向，每个方向提供个性化课程包，学生可自主选择；其二是进阶平台个性化，进阶平台包括校内企业研发中心、导师工作室、创新创业与技能比赛工作室、校外实习实训基地，五种进阶平台可实现交叉和并列选择；其三是考核评价个性化，构建由学习型项目、模拟型项目、真实型项目组成的多层评价内容，设置侧重不同的评价方法，给予课程免修、学分置换、薪酬奖励等多样激励方法。

10.2　未来探索

新兴技术的群体性突破为软件人才培养带来了新的技术和挑战，随着技术更新迭代速度加快，诞生了互联网、大数据、物联网、人工智能、区块链、虚拟现实等一系列以软件为基础的新产业，对软件人才培养提出了更多更高的要求。在党中央、国务院高度重视下，软件上升为国家战略，产业走上高质量发展的新征程。2021年全国软件业务收入达到9.5万亿元，产业增加值增速连续多年位居国民经济前列，实现了规模、效益同步提升。与此同时，短板明显、价值失衡、产用脱节、生态脆弱等问题依然突出，亟需进一步加强产教融合，建设特色化高素质人才队伍，支撑产业高质量发展。

《"十四五"软件和信息技术服务业发展规划》提出为了保障软件产业的良好发展，我国当前的软件人才目标是"打造一流人才队伍"，具体包括"加强软件国民基础教育，深化新工科建设，加快特色化示范性软件学院建设，创新人才培养模式，大力培养创新型复合型人才。鼓励职业院校与软件企业深化校企合作，推进专业升级与数字化改造，对接产业链、技术链，培养高素质技术技能人才。建设国家软件人才公共服务平台，充分发挥人才引进政策优势，完善人才评价激励机制，加强引进海归高层次人才和团队。"

我院在"类上班制"取得成功的基础上，拟从下列几个方向重点突破。

1. 以项目升级为产品，以产品升级为服务

"类上班制"通过引入企业项目的方式一定程度上解决了教师和学生缺乏实践环境的问题，但是多数项目完成后的软件产品由于并不是由学校运作，因此缺乏跟进措施，改进需求常常由企业提出，而不是由工作室自主发现和改进。导致工作室疲于应付各种不同的项目，而每个项目对应的软件产品的价值却不能较好的提升。另外随着互联网、云计算、大数据等技术的发展，软件产品和软件服务相互渗透，向一体化软件平台的新体系演变，产业模式已经在从传统的"以产品为中心"向"以服务为中心"转变。

在"类上班制"基础上通过授权或自研的方式，建立核心软件产品，并以服务的方式对外运营能够掌握产教融合主动权，避免企业需求不稳定影响到教学管理。当然，这就需要创新高校师资队伍聘用与考核机制，推进导师双向评价和认定工作，打通校企教师队伍互通互聘渠道，支持学校和企业之间人才的双向流动，并探索出校内工作室运营管理和绩效分配的制度。通过对一些关乎国家战略，而资本不愿投入的领域的软件产品研发，引导学生充分认识软件自主可控工作的重要性，把推动产业发展和技术创新作为使命追求，培养学生的实践能力、创新精神和社会责任感。

2. 强化开源社区贡献，培育产业创新项目

开放、平等、协作、共享的开源模式，加速软件迭代升级，促进产用协同创新，推动产业生态完善，成为全球软件技术和产业创新的主导模式。当前，开源已覆盖软件开发的全域场景，正在构建新的软件技术创新体系，引领新一代信息技术创新发展，全球 97% 的软件开发者和 99% 的企业使用开源软件，基础软件、工业软件、新兴平台软件大多基于开源，开源软件已经成为软件产业创新源泉和"标准件库"。同时，开源开辟了产业竞争新赛道，基于全球开发者众研众用众创的开源生态正加速形成。

开源项目与企业项目之间是通用的，在开源社区贡献代码，不仅能锻炼学生的实践开发能力，同时也能使沟通和组织能力得到锻炼。开源项目与常规项目相比较具有更强的创新性，有助于学生了解产业发展前沿。并且由于开源项目的项目库相较于自研项目库几乎是无限大的，因此在疫情等特殊时期项目不足的情况下，能够稳定地为"类上班制"提供有意义的项目资源。同时参与开源项目也有助于促进与软件发达国家高水平大学和科研院所的合作与交流，通过共研共享促进双方发展，不断提高软件学院的办学国际化水平。

3. 契合国家重大战略，建设特色化软件学院

据《关键软件人才需求预测报告》预测，到 2025 年，我国关键软件（关键基础软件、大型工业软件、行业应用软件、新型平台软件、嵌入式软件五大领域）人才新增缺口将达到 83 万，其中工业软件人才缺口为 12 万，工业软件将成为人才紧缺度最高的领域之一，这一问题值得高度重视。

关键软件五大领域中关键基础软件指基础性支撑软件，主要包括操作系统、

数据库、中间件、办公软件等，此外涉及基础信息安全软件。大型工业软件指应用于工业领域的各类软件，主要包括研发设计软件、生产控制软件、信息管理软件等。行业应用软件指针对重点行业应用的各类软件，如金融行业软件、通信行业软件、能源行业软件等。新型平台软件指基于新兴信息技术的平台软件，主要包括大数据平台、云计算平台、人工智能平台、物联网平台等。嵌入式软件指与硬件设备深度耦合的软件，如通信设备嵌入式软件、汽车电子嵌入式软件等。

2020年6月教育部办公厅和工业和信息化部办公厅印发了《特色化示范性软件学院建设指南（试行）》，虽然目前的申报范围仅限于一流本科高校，但是从长期发展看，高职院校也有必要根据区域经济以及合作企业情况开展特色化软件学院建设。特色化建设要求学校以软件产业需求为导向，加强与特色软件领域行业龙头企业的合作，有利于学校软件人才培养方向的聚焦，重庆作为工业重镇，以工业软件的发展推动制造业转型升级，继而带动整个软件行业高质量发展是大势所趋。我院于2021年成为重庆市特色化示范性软件学院建设学校，作为副理事长单位参与发起全国工业软件职业教育集团，并牵头编制了高职院校工业软件开发技术专业教学标准，将以工业软件作为特色，培养出产业急需的高质量复合型人才。